Svenja Hofert
Stellensuche und Bewerbung im Internet

Svenja Hofert

Stellensuche und Bewerbung im Internet

Die perfekte E-Mail-Bewerbung

Bewerbung über Online-Formulare

Wichtige Stellenmärkte
und Karriereportale

5., überarbeitete und aktualisierte Auflage

Bibliografische Information der Deutschen Nationalbibliothek
Die Deutsche Nationalbibliothek verzeichnet diese Publikation
in der Deutschen Nationalbibliografie; detaillierte bibliografische Daten
sind im Internet über http://dnb.ddb.de abrufbar.

ISBN 978-3-86910-750-9

Die Autorin: Svenja Hofert ist Inhaberin der Karriereberatung „Karriere & Entwicklung" in Hamburg (www.karriereundentwicklung.de). Sie arbeitet seit mehr als 10 Jahren als Jobcoach, berät rund um die Themen Berufsorientierung, Karriereplanung, Bewerbung und Selbstmarketing. Vor allem moderne Bewerbungsformen und das Thema E-Recruiting haben die internetaffine Hamburgerin schon früh begeistert. Hofert hat insgesamt mehr als 20 Ratgeber und Sachbücher in verschiedenen Verlagen veröffentlicht.

5., überarbeitete und aktualisierte Auflage

© 2009 humboldt
Ein Imprint der Schlüterschen Verlagsgesellschaft mbH & Co. KG,
Hans-Böckler-Allee 7, 30173 Hannover
www.schluetersche.de
www.humboldt.de

Covergestaltung: DSP Zeitgeist GmbH, Ettlingen
Innengestaltung: akuSatz Andrea Kunkel, Stuttgart
Titelfoto: shutterstock/Noah Golan
Satz: PER Medien+Marketing GmbH, Braunschweig
Druck: Grafisches Centrum Cuno GmbH & Co. KG, Calbe

Hergestellt in Deutschland.
Gedruckt auf Papier aus nachhaltiger Forstwirtschaft.

Inhalt

Vorwort

Liebe Leserinnen und Leser,

wie bewerbe ich mich per E-Mail? Was muss ich beim Ausfüllen eines Online-Bewerbungsformulars beachten? Wo finde ich passende Stellenangebote? Dieses Buch beantwortet alle Fragen rund ums Bewerben im Internet. Es berücksichtigt dabei die aktuellsten Entwicklungen und Trends und die neuen Gefundenwerden-Portale.

Als *Stellensuche und Bewerben im Internet* 1999 – als eines der ersten Bücher zu diesem Thema – erstmals erschien, war es neu und ungewöhnlich, sich per E-Mail oder über ein Online-Formular zu bewerben; mittlerweile ist es normal, auf diese Weise eine Stelle zu finden. Für diese 5. Auflage wurde das Buch vollständig überarbeitet und trägt damit dem radikalen Wandel der Bewerbungswelt Rechnung.

Längst haben sich Standards durchgesetzt: Das PDF ist das übliche Format für E-Mail-Bewerbungen geworden und die Online-Formulare haben bei Konzernen die Postbewerbung abgelöst. Ließen vor wenigen Jahren Unternehmen noch alle Bewerbungsformen gleichermaßen zu, so werden inzwischen vielfach nur noch Online-Bewerbungen akzeptiert. Wer heute eine Stelle sucht, sieht selbstverständlich im Internet nach; der Blick in die Zeitung ist eher die Ausnahme geworden. Und schon lockt die nächste Generation „Online". Web-2.0-Plattformen wie Xing fördern die Selbstpräsentation und das Networking. Nicht mehr Bewerber bewerben sich bei Unternehmen, sondern Unternehmen bei Bewerbern.

Doch die schöne neue Bewerbungswelt hat auch Schattenseiten. Als Karriereberaterin erlebe ich täglich, wie schwer es vielen fällt, die neuen elektronischen Wege zu begehen. Denn die E-Mail hat das Bewerben nicht einfacher gemacht – im Gegenteil. Es lauern viele technische Fallen. Zudem scheint der persönliche Gestaltungsspielraum bei einer Internetbewerbung begrenzt zu sein, was Bewerber zusätzlich verunsichert. Dieser Ratgeber hilft Ihnen dabei, die Fallen zu umgehen, und zeigt, wie Sie Gestaltungsspielräume beim Online-Bewerben nutzen können.

Im hinteren Teil des Buches gibt es ein umfangreiches Kapitel mit Internetadressen samt Erläuterungen rund um das Bewerben im Internet.

Zur schnellen Übersicht gibt es am Schluss die häufigsten Fragen zur Bewerbung im Internet kurz und knapp beantwortet.

Ich wünsche viel Spaß und nützliche Erkenntnisse beim Lesen dieses Ratgebers – und viel Erfolg bei der Stellensuche!

Herzliche Grüße

Ihre
Svenja Hofert
www.karriereundentwicklung.de

Suchen leicht gemacht

Sicher kennen Sie bereits die großen Stellenmärkte im Internet, haben von „Monster" und „Stepstone" gehört. Vielleicht ist Ihnen auch SIS – der „Stelleninformationsservice" der Bundesagentur für Arbeit – vertraut. Doch neben diesen Stellenmärkten finden Sie im Internet eine ganze Reihe weiterer Jobspeicher, beispielsweise regionale, branchenspezifische und berufsbezogene Jobbörsen. Viele Zeitungen und Zeitschriften veröffentlichen Ihre Stellenanzeigen nach der gedruckten Veröffentlichung zeitversetzt auch im Internet, darunter auch Branchenmagazine mit ihren in der Regel besonders hochkarätigen Stellenteilen. Einige dieser Publikationen, etwa aus dem IT- und Multimedia-Umfeld, publizieren Stellen sogar ausschließlich online. Auch hier lohnt sich ein Klick. Adressen dazu finden Sie ab Seite 135.

Karrierewebseiten der Unternehmen bieten Ihnen mit ihren Stellenangeboten eine weitere lohnende Ankerstelle beim Surfen. Immer mehr Firmen veröffentlichen Jobangebote ausschließlich auf ihren eigenen Seiten. Damit werden gezielt jene Bewerber angesprochen, die sich für das jeweilige Unternehmen interessieren. Außerdem kommt es so nicht zu der Bewerbungsflut, die eine „öffentliche" Stellenanzeige fast unweigerlich nach sich zieht. Stellenanzeigen auf der Website garantieren weniger, aber passendere Bewerber, so lautet das Argument der Personalverantwortlichen.

Ein Stellenprofil in einer der Jobbörsen zu hinterlegen, kann sich für einige Berufsgruppen ebenfalls lohnen, wenn man dabei geschickt vorgeht. Die Möglichkeiten, im Internet Jobs ausfindig zu machen, lernen Sie ausführlich und anhand von vielen Beispielen, Tipps und Adressen kennen.

Was Sie bei der Jobsuche im Internet beachten sollten

„Ist die Stelle noch frei?" Mit dieser direkten Frage verdutzte Martina Müller den Mitarbeiter in der Personalabteilung. Er gab zögernd zu, dass sich eine Bewerbung nicht mehr lohnen werde. Leider sind Stelleninserate im Internet oft nicht mehr aktuell. Das liegt daran, dass viele Unternehmen Stellen erst dann aus dem Internet nehmen, wenn der Wunschkandidat den Arbeitsvertrag bereits unterschrieben hat – und dies geschieht nicht selten erst zwei Wochen, nachdem eine Entscheidung gefallen ist.

Andere Unternehmen „vergessen" die Stellen, die sie ins Internet gestellt haben. Für andere wiederum ist die Zahl der offenen Stellen ein Imagefaktor. Um die Konkurrenz zu beeindrucken und preiswerte Werbung für das eigene Unternehmen zu machen, belassen sie möglichst viele Stellen im Internet – einige davon sind nicht wirklich „real". Dies fällt besonders bei kleineren Unternehmen auf, die ihre Stellen ausschließlich auf der Website veröffentlichen. Im Laufe der Jahre haben viele meiner Klienten die Erfahrung gemacht, dass es sich manchmal offensichtlich um Scheinangebote handelt.

Vorsicht walten lassen sollten Sie auch bei verdächtig „alten" Stellen. Solche finden sich manchmal in kleineren Stellenbörsen, z. B. bei Verbänden, die Stellenanzeigen ihrer Mitglieder veröffentlichen. Diese schicken dann eine Anzeige, die ins Netz gestellt wird, melden sich aber nicht, wenn die Stelle vergeben ist. Vorsicht also, wenn eine Stelle schon seit drei Monaten im Internet steht!

Verdächtig sind auch Anzeigen, die immer wieder geschaltet werden. Entweder sie dienen wirklich nur der Werbung oder die Anforderungen an die Bewerber sind so speziell, dass bisher niemand dabei war. Auch ist es möglich, dass die Stelle Bewerber abschreckt, etwa durch ein extrem niedriges Gehalt.

Kurzum: Wenn Sie sich auf eine Stellenanzeige bewerben möchten, die schon älter als 14 Tage ist oder die ohne Datum auf der Unternehmens-Website veröffentlicht ist, versichern Sie sich über einen Anruf, ob sich das Bewerben noch lohnt. Sie sparen sich damit viel Zeit und Mühe – und führen nebenbei vielleicht noch ein interessantes Gespräch und erfahren den Namen des Verantwortlichen.

Passende Begriffe

Früher war es einfach: Da war ein Bäcker ein Bäcker und ein Koch ein Koch. Jetzt gibt es kaum noch Berufe. Für ihre Stellen in Anzeigen erfinden Unternehmen vielmehr ganz neue oder firmenindividuelle Berufsbezeichnen, Positionen und Funktionen. Hinzu kommt, dass einheitliche Bezeichnungen für Berufe fehlen. So findet man unter „Business-Development-Manager" allerlei unterschiedliche Aufgabenbeschreibungen und ein buntes Tätigkeitsbild.

Ihre individuellen Suchworte zu definieren, ist deshalb eine schwierige, aber wichtige Aufgabe. Schreiben Sie erst einmal eine eigene Stichwortliste. Was steht wahrscheinlich in Ihrer Anzeige? Erweitern Sie diese Liste mit den Erfahrungen, die Sie danach sammeln. Es könnte etwa sein, dass der „Sachbearbeiter Personal" auch unter „Personalassistent" oder „Mitarbeiter Personaladministration" zu finden ist.

Beispiele:
- Ein gut deutsch sprechender Russe, Betriebswirt mit IFRS-Kenntnissen, möchte sich im Finanzbereich bewerben. Weil Deutsch

aber nicht seine Muttersprache ist und er es zwar gut, aber noch nicht fließend spricht, ist die Wahrscheinlichkeit groß, dass er eher Jobs bei russischen Unternehmen findet oder bei Unternehmen, die Russischkenntnisse fordern. Erfolg verspricht die Suche nach folgenden Kombinationen: russisch + IFRS, Russland + IFRS, Finanzbuchhalter + IFRS + russisch, kaufmänischer Mitarbeiter + IFRS + russisch.

- Ein Eventmanager, gelernter Hotelkaufmann, sucht in Berlin, Köln oder Hamburg. Er sollte in die Suchmaschinen eingeben: Eventmanager + Berlin (oder andere Stadt), Eventkoordinator, Veranstaltungsmanager, Mitarbeiter Veranstaltungen, Mitarbeiter Events. Er sollte berücksichtigen, dass er mit dieser Suche Stellen in Potsdam nicht findet – und gegebenenfalls auch angrenzende Orte eingeben.

Viele Jobbörsen, die sogenannte E-Mail-Abos anbieten, ermöglichen eine solche Feinjustierung der Begriffe leider nicht. E-Mail-Abo bedeutet, dass Ihnen Stellenanzeigen in regelmäßigen Abständen oder sogar täglich zugeschickt werden. Um vorab die Kriterien für die Zustellung zu definieren, müssen Sie allerdings mit vorgegebenen Rubriken arbeiten. Entsprechend ist die Auswahl oft relativ grob.

Die Volltextsuche ist nach meiner Erfahrung überwiegend unzulänglich. So fördert die Suche nach einem „Sales-Manager" Tausende von Anzeigen zutage, doch nur in wenigen davon wird ein Sales-Manager gesucht. Vielmehr wird überwiegend schon der Begriff „Sales" als Finde-Kriterium gewertet. Die Folge: Statt „Sales-Manager" wird mir der „Pre-Sales-Consultants", der „Junior-Sales-Manager" oder der „Leiter Produktions-Logistik" angezeigt – alles unpassend.

Immerhin bieten Stellenmärkte wie Monster.de die Möglichkeit, Begriffe nur im Titel der Anzeige zu suchen. Etwas bessere Ergebnisse erhalten Sie in fast allen Online-Stellenmärkten, wenn Sie Detailsuchen verwenden. Allerdings kosten die detaillierten Angaben, die für diese Suche nötig sind, auch viel mehr Zeit. Oft lässt sich zudem wegen vieler Überschneidungen schwer eine Branchenauswahl treffen. Steht meine Stelle als SAP-Consultant nun unter „Informatik", unter „Banken und Versicherungen" oder unter „SAP-Consulting"? Sie sehen schon: Oft ist eine Mehrfachauswahl nötig.

Suchtricks nutzen

Die Suche lässt sich mit wenigen Tricks verfeinern. So akzeptieren einige Suchmaschinen das Pluszeichen (+). Wenn Sie also mehrere Begriffe gleichzeitig in dem Text Ihrer Suchanzeige finden wollen, geben Sie ein Pluszeichen ein. Dies funktioniert in der Volltextsuche bei Monster, bei Stepstone und Jobware leider nicht. Mitunter schränken Sie die Suchergebnisse auch durch die Verwendung einer Paraphrase ein. Wenn Sie also „Senior-Sales-Manager" eingeben, bekommen Sie auch nur mit diesem Titel ausgeschriebene Anzeigen. Dies funktioniert bei Monster. Stepstones und Jobwares Volltextsuche ignoriert die Eingabe der Paraphase.

Tipps zur Funktionsweise der Volltextsuche veröffentlicht kaum eine Suchmaschine, sodass Sie oft erst einmal selbst experimentieren müssen.

E-Mail-Abos verwenden

Die meisten Stellenbörsen schicken Ihnen aktuelle Stellen auf Wunsch zu. Dazu können Sie vielfach sogenannte Such-Assistenten speichern. Diese wenden Ihre Kriterien auf die Jobsuche an und schicken Ihnen

Angebote anhand Ihrer Auswahl. Dabei lässt sich oft einstellen, ob die Angebote wöchentlich oder täglich in Ihr Postfach gelangen. Verlassen Sie sich allerdings nicht nur auf diese zugestellten Jobs. Manchmal ist eine für Sie passende Stellenanzeige einfach unter einer anderen Rubrik abgespeichert. Schauen Sie also hin und wieder auch „persönlich" in den Jobbörsen vorbei.

Die richtigen Stellenbörsen auswählen

Stellen zu suchen, sei ein Vollzeitjob, klagen viele meiner Kunden. Allein das Suchen kostet viele Stunden, manchmal ganze Tage. „Die meisten Ergebnisse muss man per Hand aussortieren, weil sie nicht wirklich passen. Und am Ende kommt nur eine Handvoll geeigneter Positionen heraus", so ein Sales-Manager. Wo finde ich nun „meine" Stellen? Die Jobbörse für alle gibt es leider nicht – aber Jobbörsen für viele. Das sind zuallererst die sogenannten Meta-Jobbörsen, die Stellen aus gleich mehreren Stellenmärkten zusammentragen. Die Nummer eins der Meta-Jobbörsen ist aus meiner Sicht derzeit www.kimeta.de. Wer sich an kleinere und mittlere Unternehmen richtet, wird in der Jobbörse der Arbeitsagentur fündig. Bewerber bei mittleren und größeren Wirtschaftsunternehmen werden vor allem von Stepstone, Monster und Jobware angesprochen. Bewerber aus bestimmten Branchen wie der Gastronomie finden in spezifischen Stellenbörsen oft die am besten zu ihnen passenden Stellen. Noch sehr viel mehr Adressen und Detailbeschreibungen finden Sie im Adressteil (ab Seite 135).

10 Regeln für die effektive Jobsuche

1. Erstellen Sie einen Strategieplan: Nach welchen Tätigkeiten suchen Sie, nach welchen Positionen, in welchen Regionen, Branchen und bei welcher Art von Unternehmen?
2. Betreiben Sie Ihre Jobsuche so systematisch wie ein Projekt. Definieren Sie Ziele und Meilensteine (z.B. Erstellung eines Lebenslaufes, erster Initiativ-Anruf bei einem Unternehmen) bei der Suche.
3. Halten Sie jeden Schritt schriftlich fest, berücksichtigen Sie vor allem auch Gesprächsnotizen. Was hat Herr Meier bei Ihrem Anruf gesagt? Welche Vereinbarung haben Sie getroffen?
4. Suchen Sie nicht nur im Internet, sondern auch „offline".
5. Suchen Sie nicht allein nach Stellenangeboten, sondern auch nach Hinweisen darauf, wo demnächst neue Jobs entstehen könnten (z.B. dass in Ihrer Nähe bald ein neuer Lebensmittelmarkt eröffnet oder sich ein Unternehmen ansiedeln will).
6. Berücksichtigen Sie die Stellenmärkte der Unternehmen selbst.
7. Beziehen Sie regionale Jobbörsen mit ein.
8. Erstellen Sie sich eine Liste mit mindestens fünf für Sie relevanten Stellenmärkten.
9. Besuchen Sie diese Stellenmärkte mindestens alle drei Tage oder beziehen Sie ein E-Mail-Abo.
10. Nutzen Sie das Internet als Informationsmedium: Wer, was, wo, wann? In Pressemeldungen und Zeitungsarchiven können Sie viel über Firmen lesen, die Sie interessieren.

Stelleninserate im Internet

Der Aufbau von Stelleninseraten im Internet unterscheidet sich in nichts von denen in Zeitungen. Leider, denn vielfach sind Anzeigen sehr allgemein gehalten. Sie sind üblicherweise so aufgebaut: Nach einem allgemeinen Einführungssatz zu Firma/Unternehmung folgen

Einstellungsvoraussetzungen, Anforderungen an den Bewerber und Stellenbeschreibung. Oft werden 90 bis 95 Prozent aller eingehenden Bewerbungen allein deshalb aussortiert, weil der Bewerber nicht zur Stelle passt. Sie sollten sich deshalb einem Unternehmen nur dann vorstellen, wenn fast alles stimmt. Nur wenn Sie die Anforderungen zu mindestens 85 Prozent erfüllen, werden Sie (vielleicht) eingeladen.

Wenn Sie eine Anforderung nicht erfüllen, sollten Sie dies nicht einfach übergehen. Begründen Sie, sofern nicht alles stimmt, wie Sie das fehlende Wissen oder die fehlende Erfahrung ausgleichen können. Beispielsweise so:

„Mein Englisch ist sehr gut, aber noch nicht verhandlungssicher. Ich lasse mich seit drei Wochen von einem Muttersprachler coachen und bin sicher, innerhalb von sechs Monaten den gewünschten Sprachstandard zu erreichen."

TIPP

Sie passen nicht auf die Stelle, möchten sich aber dennoch bewerben? Dann bewerben Sie sich initiativ. Sagen Sie (z. B. am Telefon oder aber schriftlich in einem Brief oder einer E-Mail), dass das Inserat Ihr Interesse geweckt hat, Sie sich aber nur teilweise darin wiederfinden. Beschreiben Sie sich kurz mit den drei wichtigsten Verkaufsargumenten („Mein Name ist Hugo Müller. Ich bin Diplom-Kaufmann mit umfangreichen Kenntnissen in HGB, IFRS und SAP/R3."). Vielleicht gibt es ja eine andere Position, zu der Ihr Profil passt? So kommen Sie ins Gespräch und wecken Interesse an Ihnen.

Das Schlüsselloch-Prinzip

Stellen Sie sich die Stellenanzeige als ein Schlüsselloch vor. Um eingeladen zu werden, brauchen Sie den dazu passenden Schlüssel. Wie Sie ihn bekommen? Einfach, indem Sie das Inserat analysieren. Welche berufliche Qualifikation, welche persönlichen und fachlichen Fähigkeiten, welche Erfahrungen und Zusatzqualifikationen sind für die Stelle erforderlich?

Malen Sie einen Schlüssel, an dessen Zähne Sie Ihre Schlüsselqualifikationen schreiben. Sie können auch eine Liste mit Punkten davor schreiben. Was sind Ihre Schlüsselqualifikationen?

Beispiel für Schlüsselqualifikationen
- Abgeschlossenes Bachelor-Studium der Betriebswirtschaftslehre mit überdurchschnittlichem Abschluss (unter den besten 15 Prozent)
- Gute Kenntnisse im Online-Marketing durch Betrieb eines eigenen Online-Shops während des Studiums
- Englisch fließend durch Schüler- und Studienaufenthalt in den USA
- Erfahren in Projektarbeit in internationalen Teams

Wenn Sie alle Faktoren mitbringen, haben Sie Ihren Schlüssel in der Hand. Sie müssen diesem Schlüssel jetzt nur noch die richtige Form geben, damit er ins Loch passt. Dazu ist es wichtig, die Qualifikationen näher zu beschreiben und Beispiele zu bringen. Überlegen Sie sich, wie Sie etwas erläutern, bevor Sie Ihr Anschreiben aufsetzen.

Beispiel:
„Seit 2006 betreibe ich einen Online-Shop für Energiesparlampen, mit dem ich mein Studium vollständig finanziert habe. Durch gezieltes Online-Marketing habe ich das inzwischen verkaufte Geschäft innerhalb von 12 Monaten zur Nummer eins in diesem Bereich gemacht."

Fragen Sie sich zudem, was dem Unternehmen wichtig ist:

- Wie sieht sich das Unternehmen selbst?
- Wie wünscht sich das Unternehmen Mitarbeiter?
- Was ist die Grundvoraussetzung für die Tätigkeit (Muss)?
- Was sind wünschenswerte Voraussetzungen (Soll)?
- Welche Persönlichkeitsmerkmale sollten Sie mitbringen?
- Welche Zusatzqualifikationen sind (möglicherweise) sinnvoll?

Gehen Sie in Ihrem Schreiben auch auf Punkte ein, die nicht offen angesprochen werden, aber vermutlich wichtig sind, wenn Sie sich bei dieser Firma bewerben. Lesen Sie zwischen den Zeilen, gerade dann, wenn die Anforderungen der Stelle sehr allgemein beschrieben sind. Womit könnten Sie sich noch von anderen Bewerbern abheben? Was haben Sie, was Ihre Mitbewerber vermutlich nicht haben? Beispiel Branchenerfahrung: Nicht immer wird diese explizit gefordert, oft ist sie aber trotzdem relevant!

Beispiel:
„In meinem Praktikum bei XY habe ich viel über Zölle und Einfuhrbestimmungen gelernt und freue mich, dieses Wissen bei Ihnen anwenden zu können."

Vorher anrufen

Klären Sie Ihre Fragen vor der Bewerbung. Trauen Sie sich anzurufen. Jede Zusatzinformation, die Sie aus solchen Gesprächen gewinnen, kann wertvoll für Ihre Bewerbung sein und den entscheidenden Unterschied zwischen Ihrer Bewerbung und den anderen ausmachen.

Fragen, die Sie bei einem solchen Anruf klären können:

- Sie verstehen eine Anforderung nicht.
- Gefordert ist XY, Sie aber haben „nur" ABC. Können Sie sich trotzdem bewerben?
- Gefordert ist ein Studium, Sie aber haben eine langjährige Praxis? Können Sie sich dennoch bewerben?
- Wer ist der Ansprechpartner für die Anzeige?
- Wurde die Stelle neu geschaffen?
- Handelt es sich um eine Führungsposition, wenn dies nicht eindeutig beschrieben ist?
- Wie ordnet sich die Stelle in der Organisation ein?
- Wer ist der Vorgesetzte?
- Besteht bei befristeten Stellen die Option auf Verlängerung?
- Wer ist der Ansprechpartner?
- Ist die Stellenanzeige aktuell?
- Wenn mehrere Optionen für die Bewerbung angegeben sind: Was ist dem Empfänger der Bewerbung persönlich lieber – die Bewerbung per E-Mail oder Post?

Einige Bewerbungsberater empfehlen, grundsätzlich vor der Bewerbung bei einem Unternehmen anzurufen und stets den Namen des Ansprechpartners herauszufinden, wenn dieser nicht in der Anzeige steht. Ich habe hingegen die Erfahrung gemacht, dass das nicht unbedingt immer sinnvoll ist und dem Bewerber einen Pluspunkt bringt. So halten sich Konzerne in Ihren Inseraten durchaus bewusst bedeckt – persönliche Telefonate gefährden die Effizienz mit der Bewerbungen bearbeitet werden sollen. Hier ist es wenig sinnvoll, um jeden Preis den Namen des Ansprechpartners zu ermitteln.

Ähnlich ist es in der Verwaltung und im öffentlichen Dienst. Hier entscheiden Gremien über die Bewerber. Oft ist es hier besser, alle Ansprechpartner anzureden. Die anderen auch an der Auswahl beteiligten Personen könnten sich sonst übergangen fühlen. Das vermeiden Sie mit einem schlichten „Sehr geehrte Damen und Herren". Wenn Sie einen Namen kennen, können Sie es auch so machen: „Sehr geehrter Herr Schöller, sehr geehrte Damen und Herren."

Manche Jobs sind in der Anzeige leider sehr dürftig beschrieben. Fragen dazu sollten in jedem Fall geklärt werden, allein schon für Ihren persönlichen Vorteil. Es geht letztendlich vor allem auch um Sie: Je mehr sie wissen, desto konkreter können Sie Ihr Anschreiben formulieren. Wenn die Klärung einer Frage Ihre Bewerbungschancen erhöht, so lassen Sie sich nicht am Telefon abwimmeln.

Greifen Sie auch dann zum Hörer, wenn Ihnen ein Inserat verdächtig vorkommt. Eine Anzeige, die über mehrere Monate mal hier, mal dort publiziert wird, kann auch Indiz für eine schwierige Suche, hohe Fluktuation oder andere Seltsamkeiten (z. B. ein weit unterdurchschnittliches Gehalt) sein. Möglicherweise sucht das Unternehmen auch die „eierlegende Wollmilchsau", also das personifizierte Bewerberwunder, und schaut nach einem Profil, dass es so oder zu den gewünschten Konditionen nicht gibt. Es ist Ihr gutes Recht, nachzufragen, wenn Ihnen dieselbe Anzeige über Monate immer wieder begegnet, und zu erfahren, aus welchem Grund die Anzeige wiederholt geschaltet wurde.

Strategische Stellensuche – Machen Sie sich einen Plan

Heute so, morgen so? Und das Motto dahinter: Dann schau'n wir mal? Keine gute Idee! Um Erfolg zu haben, müssen Sie die Stellensuche planmäßig angehen. Sie haben nur wenig Zeit, vor allem, wenn Sie im Beruf stehen. Sie können es sich aber auch als erwerbsloser Jobsucher nicht leisten, wertvolle Stunden durch zielloses Herumsurfen zu vergeuden. Überlegen Sie sich genau, wie Sie bei der Stellensuche im Internet vorgehen, welche Stellenmärkte Sie in die Suche einbeziehen und wie oft Sie diese besuchen.

Fallbeispiel 1 – Stellensuche einer Modedesignerin

Sina ist Modedesignerin und gelernte Schneiderin. Sie hat bereits als Produktmanagerin gearbeitet und interessiert sich vor allem für große Textilunternehmen wie Peek & Cloppenburg oder auch Hugo Boss. Da der Markt klein ist und es wenige passende Stellen gibt, sollte sie auch in verwandten Branchen des Einzel- und Außenhandels suchen. Sina sollte zunächst einmal regelmäßig die Webseiten Ihrer Lieblingsunternehmen besuchen. Sie sollte auch über eine Initiativbewerbung nachdenken – vor dem Abschicken der Unterlagen aber unbedingt bei den Traumarbeitgebern anrufen – und folgende Branchenstellenmärkte in ihre Suche einbeziehen:

- Twnetwork (www.twnetwork.de) als Branchenjobbörse,
- Monster (www.monster.de) für Fachpositionen auch anderer Branchen,
- Kimeta (www.kimeta.de) als Metasuchmaschine, um sicherzugehen, auch alle passenden Stellen gefunden zu haben.

Fallbeispiel 2 – Stellensuche einer Redakteurin

Carolina hat ein Volontariat absolviert und bereits zwei Jahre bei einer Frauenzeitschrift gearbeitet. Nun sucht sie eine neue Position, auch weil ihr der neue Chefredakteur nicht zusagt. Carolina sollte sich in erster Linie umhören und z. B. den Kress-Report oder den Newsletter von Peter Turi (http://turi-2.blog.de) lesen: Von vielen offenen Stellen hört man lange, bevor sie im Internet veröffentlich werden. Zahlreiche Stellen werden ohnehin niemals ausgeschrieben. Darüber hinaus sind die Stellenbörsen der großen und kleinen Verlage ihre Hauptanlaufstelle, unter anderem:

- Jahreszeiten-Verlag (www.jalag.de),
- Gruner & Jahr (www.grunerundjahr.de),
- Burda (www.burda.de),
- Axel Springer (www.axelspringer.de),
- Bauer-Verlag (www.bauer.de).

Außerdem ist für Carolina ein Blick in den Stellenteil des Journalist (www.journalist.de) sowie ein Jobabo über Newsroom.de Pflicht.

Fallbeispiel 3 – Stellensuche eines Ingenieurs

Ralf ist Maschinenbauingenieur und auf der Suche nach einer neuen Position. Seine erste Adresse im Internet ist die Seite www.ingenieur-karriere.de des Vdi-Verlags. Der VDI ist der Verband deutscher Ingenieure. Er gibt die Zeitung *VDI Nachrichten* heraus und betreibt das Webangebot. Darüber hinaus empfehle ich Ralf, alle allgemeinen Jobbörsen im Blick zu halten – in erster Linie Monster, Stepstone und Jobpilot. Zudem sollte er sich eine Liste mit Unternehmen anlegen, die ihn besonders interessieren, und deren Seiten besuchen. Ralf hat ein Fachgebiet und spezielle Erfahrungen. Welche Unternehmen beschäftigen Mitarbeiter mit diesem Fachgebiet oder könnten an diesen Kenntnissen und Fähigkeiten interessiert sein? Diese sollte Ralf ganz gezielt ansprechen.

Fallbeispiel 4 – Stellensuche einer Krankenschwester

Babette ist gelernte Krankenschwester, hat viele Jahre im Büro gearbeitet. Sie sucht nun eine Stelle im Office-Management, wo sie ihre immer aktuell gehaltenen Kenntnisse aus der Gesundheitsbranche einbringen kann. Babette sollte in Ihrer Tageszeitung nachsehen sowie in den allgemeinen Stellenbörsen, z. B. Stepstone und unbedingt auch bei der Arbeitsagentur (www.arbeitsagentur.de). In den spezialisierten Stellenmärkten der Gesundheitsbranche dagegen findet sie für ihren bunten Lebenslauf höchstwahrscheinlich wenig Passendes.

Fallbeispiel 5 – Stellensuche eines Buchhalters

Hannes ist Bilanzbuchhalter und hat Kenntnisse in HGB und IFRS. Seine Jobs findet er in den klassischen Portalen wie Monster, Stepstone und nach wie vor in der Tageszeitung. Eine ideale Anlaufstelle ist eine Metajobsuchmaschine wie www.kimeta.de. Hier gibt er Begriffe ein wie Bilanzbuchhalter, Buchhalter + IFRS. Auch auf den Finanzbereich spezialisierte Personalberatungen sind gute Anlaufstellen.

Einige Beispiele:
Treuenfels (www.treuenfels.com)
Robert Half (www.roberthalf.de)

Außerdem lohnt der Klick in spezialisierte Jobbörsen wie:
Efinancials (http://www.efinancialcareers.de)
Finanzstellenmarkt (www.finanzstellenmarkt.de)

Hier können Sie auch eigene Stellengesuche eingeben. Wenn Sie Ihre Jobsuche öffentlich machen können, ist ein Xing-Profil sinnvoll, in das Sie den Zusatz „suche eine neue Herausforderung" setzen. So können Sie von Headhuntern gefunden werden.

Der verdeckte Stellenmarkt

Den 32-Stunden-Idealjob fand Annette in einer Mailingliste der Webgrrls (www.webgrrls.de). Es war eine Stelle für wissenschaftliche Mitarbeit an der Universität, die wie zugeschnitten auf sie schien. Das war zwei Wochen, bevor die Stelle offiziell auf der Website ausgeschrieben wurde. Allerdings nur noch aus formalen Gründen, denn mit Annette war die Idealbewerberin schon gefunden. Da Universitäten ihre Stellen veröffentlichen müssen, war die Ausschreibung auf der Website trotzdem Pflicht. Auf ein Inserat in einer Zeitung oder einem Online-Stellenmarkt verzichtete man jedoch.

Job über Empfehlung

Mehr als zwei Drittel aller Stellen werden niemals ausgeschrieben – sagt das Institut für Arbeitsmarktforschung und bestätigt damit meine Erfahrung. Die Forscher nennen dies den verdeckten Stellenmarkt. Auf diesem verdeckten Stellenmarkt finden die Unternehmen den Mitarbeiter Ihrer Wahl schon, bevor sie überhaupt an eine Anzeige denken. In Behörden ist die Wunschbesetzung oft schon intern bekannt, bevor der Job öffentlich gemacht werden muss, denn hier gibt es eine Ausschreibungspflicht.

Oft finden Firmen ihr Personal über Empfehlungen, die Kollegen aussprechen. Immer öfter aber auch über das Internet, beispielsweise bei Xing (www.xing.de). Auch Initiativbewerbungen verhindern, dass es überhaupt je eine Stellenanzeige gibt. Warum soll eine Personalabteilung mehrere hundert bis tausend Euro in ein Inserat investieren und ein Vielfaches in die Auswahl, wenn der passende Bewerber schon bekannt ist? Und selbst wenn solch ein Topbewerber noch nicht da ist, scheuen viele Arbeitgeber, vor allem kleinere, die Kosten. Sie wenden sich, wenn sie einen Job zu vergeben haben, leichter an das eigene Umfeld oder Netzwerk. Erst wenn hier niemand zu finden ist, wird ein Personalberater eingeschaltet oder eine Anzeige aufgesetzt.

Aus dem Wissen um den verdeckten Stellenmarkt ergeben sich für Sie vier Wege, Stellen zu finden, die nie offiziell ausgeschrieben werden: über Empfehlungen, über das Gefunden-werden, über Initiativbewerbungen und über Netzwerke. Wenn Sie auf dem verdeckten Stellenmarkt nach Stellen suchen, haben Sie einen wesentlichen Vorteil: Bei ausgeschriebenen Jobs ist Ihre Konkurrenz groß, stark und deutlich sichtbar. Sie müssen sich gegen 50, 100 oder gar 300 Mitbewerber durchsetzen. Das schaffen Sie nur mit einem gradlinigen Profil und maximaler Passgenauigkeit – oder einer guten Portion Glück.

Aktivieren Sie Ihr Umfeld

Zuverlässige, engagiert arbeitende, leistungsfähige und gut ausgebildete Mitarbeiter haben Bekannte und Freunde, die ihnen ähnlich sind. Kompetenz lockt Kompetenz und Inkompetenz zieht ebensolche an. Das bestätigen diverse Studien. Es liegt also nahe, dass Unternehmen gern neue Mitarbeiter aus dem Umfeld jener Mitarbeiter rekrutieren, die sie selbst als gut und leistungsfähig einstufen. Gerade in kleineren Unternehmen erhalten Mitarbeiter für eine Jobvermittlung nicht selten eine Belohnung. Je größer das Unternehmen, desto systematisierter ist oft das Empfehlungsmanagement. Bei der Unternehmensberatung CSC etwa wird bereits bei der Initiativbewerbung im Online-Formular abgefragt, ob der Bewerber von einem CSC-Mitarbeiter empfohlen wurde. Wenn ja, und es kommt ein Arbeitsvertrag mit dem Bewerber zustande, gibt es für den Empfehlenden eine Belohnung.

Wenn Sie eine neue Beschäftigung suchen, sollten Sie dies deshalb in ihrem Umfeld publik machen. Besprechen Sie mit Ihren Bekannten Möglichkeiten, Sie zu empfehlen. Vielleicht kann Ihr Freund Peter mit der Personalverantwortlichen sprechen und mit dem Fachverantwortlichen Logistik, während Ihr Bekannter Sebastian Meier seinen eigenen Vorgesetzten anspricht. Scheuen Sie sich nicht, Ihre Jobsuche publik zu machen, wenn Sie arbeitslos geworden sind. Längst sind häufige Jobwechsel normal geworden – jeden kann es treffen. Entsprechend groß ist die Hilfsbereitschaft. Sie würden doch auch unterstützen, wenn Ihr Freund Peter oder Sebastian Meier auf der Suche wären und Sie in Arbeit, oder?

Das Internet vereinfacht diese Form der Jobempfehlung. Da inzwischen sehr viele Mitarbeiter und Manager Mitglied der Business-Network-Plattform Xing.de sind, lassen sich interessante Kontakte auch einfach über diese Plattform vermitteln. Beispiel: Der Vorgesetzte von Sebastian Meier ist Mitglied bei Xing. Auch Sie selbst haben dort ein ordentlich gepflegtes Profil. Nun verwendet Meier bei Xing die Funktion „Kontakt vorstellen" (die angezeigt wird, wenn Sie ein Mitglied aufrufen, mit dem Sie selbst über Xing verbunden sind) und verbindet Sie mit dem Vorgesetzten. Zudem gibt es inzwischen spezialisierte Jobbörsen, die auf dem Empfehlungsprinzip basieren. Bei Jobleads.de etwa können Mitglieder sogar an der Empfehlung Geld verdienen. Bringen sie einen Bekannten aus ihrem Netzwerk mit einem suchenden Arbeitgeber zusammen, wird eine ordentliche Provision, oft von mehreren tausend Euro, fällig.

Gefunden werden

Warum lange suchen, wenn man auch selbst gefunden werden kann? Das Internet fördert die Selbstdarstellung nicht nur mit Blogs, Diskussionsforen und Videoplattformen. Hier zeigen sie sich, vernetzen sich und diskutieren miteinander. Immer mehr Internetangebote basieren auf dem Gefunden-werden-Prinzip und verdrängen traditionelle Jobbörsen, die Stelleninserate publizieren. Die Gefunden-werden-Portale speichern Ihre Bewerberdaten und präsentieren diese interessierten Unternehmen. Damit auch die richtigen Stellen und der passende Bewerber zusammenfinden, spielen Empfehlungen bei diesen neuen Angeboten eine wesentliche Rolle. Jeder, der einen Job weiterempfiehlt, kann dabei Geld verdienen, sofern es zum Vertragsabschluss kommt.

Präsent sein bei Xing

Xing ist das bekannteste Web-2.0-Portal und wahrscheinlich die größte inoffizielle Jobmaschine, die es derzeit im deutschsprachigen Raum gibt. Hier werden Bewerber angesprochen, abgeworben, Netzwerke aufgebaut, Kontakte geknüpft. Xing beherbergt nicht nur Millionen Datensätze, es bietet auch eine komfortable Suchmaschine, mit der sich nach allen möglichen Kriterien suchen lässt. Diese Suchmaschine sollten Sie finden, wenn irgendwo ein Personalverantwortlicher nach jemandem wie Ihnen sucht. Das klingt einfach, ist es aber nicht.

Entscheidend ist, dass Sie die richtigen Suchwörter definieren und dabei auch Synonyme berücksichtigen. Wie bei allen Suchmaschinen ist die Xing-Suche dabei nur so schlau wie Sie. Die Xing-Suche kann nicht automatisch von Groß- auf Kleinschreibung schließen – oder umgekehrt. Xing übersetzt auch den Consultant nicht automatisch in den Berater oder den Junior-Produktmanager in einen Junior-Product-Manager. Deshalb sollten Sie beide Begriffe verwenden, um dem unterschiedlichen Suchverhalten möglichst weit engegenzukommen.

Bindestriche, die heute recht frei gesetzt werden oder auch nicht, verhindern perfekte Suchergebnisse. Beispiel: Wer einen Bewerber mit Kenntnissen in der HR-Abrechnung sucht, findet niemanden mit Erfahrung in der HR Abrechnung, ähnlich wie bei der Personalabrechnung/Personal-Abrechnung. Denken Sie also mit und berücksichtigen Sie verschiedene Schreibweisen. Bedenken Sie bei alldem die Lesefreundlichkeit: Zu viele aneinandergereihte Synonyme zerreißen einen Text und senken seine Attraktivität. Wenn möglich, verteilen Sie Stichwörter auf die unterschiedlichen Bereiche.

Die wichtigsten Tipps, damit Sie gefunden werden:

- Erstellen Sie ein aussagekräftiges Profil. Dies muss nicht alle Stationen zeitlich beschreiben, aber das Wesentliche herausstellen und die Frage beantworten, in welchen Bereichen Sie einsetzbar sind.

- Das Foto sollte internetgeeignet sein und repräsentativ. Im Internet sehen die typischen Bewerbungsfotos oft nicht gut aus. Hintergründe sollten hell sein, Kleidung dunkler – ein hoher Kontrast ist wichtig, weil Sie auf kleinstem Raum dargestellt werden.

- Sie können bei Xing Mitglied in Diskussionsgruppen werden. Zeigen Sie diese aber nicht unbedingt alle an. So muss ein Arbeitgeber nicht wissen, dass Sie sich für Diäten interessieren.

- Verbinden Sie sich mit relevanten Personen. Relevant bedeutet, dass diese Personen ein eigenes Netzwerk haben, das für Sie nützlich sein könnte. Beispiel: Ein Manager sollte möglichst viele Kontakte zu anderen Managern haben, am besten zu denen, die eine Hierarchieebene höher stehen als er selbst. Sinnvoll sind auch Branchenkontakte. Wenn Sie selbst im Bereich Medizintechnik arbeiten, erhöhen Kontakte innerhalb der Branche die Chance, dass Sie von einem Arbeitgeber oder dessen Headhunter gefunden werden.

- Bauen Sie Ihr Netzwerk systematisch aus. Fragen Sie sich: Zu wem könnte ich noch Kontakt aufnehmen und mit welcher Begründung? Wenn Sie Kontaktanfragen schicken, so sollten diese dem anderen nämlich sagen, warum er/sie vom Kontakt mit Ihnen profitiert oder was Sie beide verbindet.
- Löschen Sie allzu private Einträge in Ihrem Gästebuch, die Freunde dort vielleicht gedankenlos hinterlassen.
- Wenn Sie aktuell auf Jobsuche sind, schreiben Sie dies unbedingt in Ihr Profil. Headhunter suchen nach „neue Herausforderungen", „neuer Job" oder „verfügbar". Nehmen Sie Suchworte in Ihr „ich suche/ich biete" auf, die Personaler eingeben, wenn sie nach jemandem mit Ihrem Profil suchen.

Funktionen von Xing für die Jobsuche

Selbstdarstellung/Rubriken	Personen suchen	Kontakte verwalten	Verbindungen suchen	Kommunikation
Profil: Integrieren Sie alle möglichen und für die Jobsuche sinnvollen Suchwörter. Fragen Sie sich, was ein Headhunter eingeben würde, um Sie zu finden.	Einfache Suche nach Stichwort, ist sinnvoll, wenn Sie z.B. einen Namen bereits kennen.	Interessante Personen merken.	Ihre Verbindung zu Kontakt XY – sinnvoll, wenn Sie über eine andere Person Kontakt aufnehmen möchten.	Nachrichten senden – funktioniert wie E-Mailen, der Empfänger wird mit einer Mail benachrichtigt.
Geschäftliche Kontaktdaten:	**Erweiterte Suche:** 21 Merkmale der Kontaktsuche, z.B. „Firma jetzt" oder „Branche".	Notizen zu Personen hinzufügen – als Erinnerungsstütze.	Kontakte meiner Kontakte suchen – wer hat gute Beziehungen zu Unternehmen?	Nachrichten verwalten – z.B. Suche nach Stichwörtern.

Selbstdarstel-lung/Rubriken	Personen suchen	Kontakte verwalten	Verbindungen suchen	Kommunikation
Private Kontaktdaten: Bitte freischalten, wenn Sie auf Jobsuche sind – vor allem die E-Mail-Adresse.	**Powersuche:** Hier können Sie u.a. nachsehen, wer Ihr Profil aufgerufen hat, wer in der gleichen Firma gearbeitet oder an derselben Hochschule studiert hat wie Sie.	Kontaktdaten exportieren.	Alternative Verbindungen: Wer kennt die gesuchte Person sonst noch, über wen kann ich noch Kontakt aufnehmen?	Foren nutzen. Ideal um auf sich aufmerksam zu machen, aber Vorsicht, wenn Sie zu privat werden.
Über mich: Hier können Sie etwas Persönliches sagen (aber lieber nicht allzu persönlich).	**Suchagenten:** Damit lassen sich Ihre Suchanfragen speichern. Immer wenn sich jemand neues anmeldet, der z.B. das bietet, was Sie suchen, werden Sie benachrichtigt.	Person an eine andere vermitteln – z.B. für die Jobsuche.		Termine und Offline-Netzwerktreffen einsehen (und hingehen).
Gästebuch: Hier können andere etwas hineinschreiben, z.B. Ihre Kollegen eine kleine Referenz. Bitte keine Kneipengrüße!		Person als Kontakt hinzufügen.		

Web-2.0-Jobbörsen

Der Online-Stellenmarkt befindet sich im Umbruch, immer neue Angebote entstehen. Die meisten davon setzen auf das neue Prinzip, dass der Bewerber, nicht die Stelle gefunden wird: Bewerber sollen sich hier registrieren, damit Unternehmen sie ansprechen können. Eines der ältesten Portale, die auf dem „gefunden werden" basieren, ist Yourcha (www.yourcha.de), das sich an „jedermann" richtet. Einige der bei Yourcha ausgeschriebenen Stellen – immerhin mehrere 100 000 – sind mit einem „Wanted"-Logo versehen. Yourcha-Mitglieder, die diese Jobs an geeignete Bewerber vermitteln, verdienen an dieser Vermittlung.

Neuer ist Jobleads (www.jobleads.de), das ausschließlich auf dem Prinzip der Empfehlung basiert. Mitglieder empfehlen Stellen in Ihrem Umfeld und erhalten bei Vertragsabschluss eine Provision. Um mitmachen zu können, muss man ins Portal eingeladen werden.

Ähnlich arbeitet Talential (www.talential.de), das allerdings eine Gehaltsgrenze setzt. Angesprochen werden ausschließlich besserverdienende Fach- und Führungskräfte mit einem Jahreseinkommen von mindestens 60.000 Euro.

Übersicht der Web-2.0-Jobbörsen

Portal	Kurzbeschreibung	Ziel-gruppe	Provision	Wie kommt man rein?
Absolventa.de	Web-2.0-Portal, das Absolventen mit Arbeitgebern zusammenbringen will.	Absolventen und Studenten der letzten Semester	nein	über einen Code, den jeder beantragen kann

Portal	Kurzbeschreibung	Zielgruppe	Provision	Wie kommt man rein?
Jobleads.de	Empfehlungsportal, das darauf setzt, dass interessante Stellenangebote weiterempfohlen werden. Mitglieder können ihren Freunden, Bekannten und Kollegen Stellen empfehlen.	Fach- und Führungskräfte	ja, unterschiedlich, meist mehrere tausend Euros	über die Empfehlung eines anderen Mitglieds
Talential	Gefunden-werden-Portal für Spitzenkräfte mit mehr als 60.000 Euro Jahreseinkommen. Mitglieder können ihren Freunden, Bekannten und Kollegen Stellen empfehlen.	Gehaltsklasse 60.000 Euro +	Der Empfehler verdient 10 % an der Vermittlerprovision des Portals, die sich am Bruttoeinkommen orientiert.	über einen Code, den jeder beantragen kann
Yourcha.de	Ältestes Portal zum Gefunden-werden, das außerdem Arbeitgeberbewertungen und einen Gehaltsmonitor bietet. Enthält aber auch eine klassische Stellenbörse.	jedermann	teilweise, oft 500 EUR	über einen Code, den jeder beantragen kann

Risiken der Internetpräsenz

Gleich, welchen Namen Sie bei Google eingeben: Wahrscheinlich finden Sie fast alle Freunde und Bekannte dort. Und natürlich auch sich selbst. Je seltener Ihr Name, desto wahrscheinlicher, dass Sie es auch wirklich sind. Das birgt natürlich viele Gefahren, wenn Ihre Einträge im Internet nicht berufstauglich und allzu privater Natur sind. Aber eben auch jede Menge Chancen, sofern Sie Ihre Präsenz im Internet strategisch gestalten. Strategisch heißt: mit einem Ziel dahinter und einem klaren Plan, dieses zu erreichen. So ein Ziel kann lauten „Ich möchte im Internet der am meisten zitierte Experte für die Berufsfindung von Jugendlichen werden". Ein wesentlicher Baustein auf dem Weg dorthin kann ein Blog sein, in dem Sie regelmäßig Ihre Expertise zum Ausdruck bringen. Blogs werden viel zitiert und von Google hoch bewertet, so dass eine solche Präsenz oft sehr wirksam ist – selbst wenn der Blog nur eine Handvoll Leser hat.

Wenn Sie Ihre Internetpräsenz bisher noch nicht bewusst genutzt haben, prüfen Sie zunächst Ihre derzeitigen Einträge bei Google.de. Geben Sie dazu Ihren Namen in einer Paraphrase ein („Svenja Hofert"). Es gibt mehrere Einträge zu diesem Namen? Dann setzen Sie einen Ort hinzu oder den Namen jetziger oder früherer Arbeitgeber. So kommen Sie auf Einträge, die sich auf Sie selbst beziehen.
Prüfen Sie diese unter folgenden Aspekten:

- Geben die Einträge ein einheitliches berufliches Bild wieder?
- Wirken die Einträge professionell?
- Wenn Forenbeiträge von Ihnen sichtbar sind: Sind diese fehlerfrei? Spiegeln diese eine Einstellung, zu der Sie problemlos auch öffentlich stehen können?
- Lassen Einträge nur Rückschlüsse auf Ihr Engagement zu? Beispiel: Der Eintrag als Teilnehmer beim Hamburg-Marathon rundet Ihr

Profil ab und vermittelt den positiven Eindruck, dass Sie sportlich und ehrgeizig sind. Der Eintrag auf blickr.de, in dem Sie die blonde Frau vom Fußballturnier des letzten Augustwochenendes suchen, könnte dagegen „gegen Sie" verwendet werden.

Wenn Ihnen einige Einträge ungünstig vorkommen, so bitten Sie die Anbieter höflich, diese zu löschen. Die meisten Anbieter sind kooperativ – einen Anspruch auf Löschung haben Sie aber bei von Ihnen selbst verfassten Beiträgen nicht. Anders sieht das aus, wenn jemand anderes etwas über Sie veröffentlicht hat, ohne Sie zuvor zu fragen. Inzwischen haben sich zahlreiche Firmen gegründet, um Ihren guten Ruf im Internet zu verteidigen – schließlich kann Ihre Karriere mit negativen Einträgen nachhaltig geschädigt werden. Die Unternehmen beobachten dabei ab 9,80 Euro im Monat, was im Internet über Sie zu finden ist. Gegen negative Einträge gehen die Experten aktiv an.

Überblick – Adressen zum Persönlichkeitsschutz im Internet

- Archive.org (www.archive.org): Dieses Internetarchiv speichert auch bereits gelöschte Einträge und ist somit eine beliebte Recherchequelle für Personalmanager.
- Reputationdefender (www.reputationdefender.com/): beobachtet das Netz und greift ein, wenn etwas Negatives über Sie veröffentlicht wird.
- Dein guter Ruf (www.deinguterruf.de): wie oben, speziell auch mit Angebot zum Schutz der eigenen Kinder (die ja schon als Schüler die Weichen für ihre spätere berufliche Karriere stellen, wenn Negatives im Internet gespeichert sein sollte).
- Saubere Weste (http://www.saubereweste.de/): wie oben.
- Webreputation (www.webreputation.com): schützt den Ruf von Firmen und Freiberuflern.

Chancen der Web-2.0-Präsenz

Einige Karrieren haben in Internetforen oder Blogs begonnen. Blogs sind eine Mischung aus persönlicher, öffentlich zugänglicher Zeitschrift und Tagebuch. In Foren wird diskutiert, oft zu Fachthemen aus dem technischen Bereich. Da liegt es nahe, dass Arbeitgeber in Fachforen oft gezielt nach Kandidaten suchen, vor allem im IT-Bereich.

Solche Blogs präsentieren Sie als Experten für ein Thema und unterstreichen Ihre Kompetenz. Ich habe selten gehört, dass jemand über Blogs einen Job gefunden hat. Häufig allerdings ist ein Blog so etwas wie eine Arbeitsprobe, die positiv bewertet wird. Es ist allerdings wenig sinnvoll, einen Blog nur zum Zweck der Jobsuche zu installieren, denn dazu ist dieses Projekt viel zu aufwändig. Sie sollten auch Spaß daran haben, Beiträge selbst zu schreiben und sich über das Internet mitzuteilen. Allerdings haben die meisten Blogs am Anfang sehr wenige Leser. Sie brauchen Durchhaltevermögen, um sich einen Namen zu machen.

Blog-Software finden Sie bei www.wordpress.de oder www.typepad.de. Ein Blog kann in eine eigene Website integriert werden oder sogar die eigene Website sein. Wenn es darum geht, sich einen Namen zu machen, ist dies eine andere Form der Bewerbungswebsite, sinnvoll für alle, die langfristig Expertise zu einem Thema aufbauen und sich als Fachmann zeigen wollen.

Eine weitere Möglichkeit, sich im Internet zu präsentieren, erfolgt über Videos. Vor allem Kreative können durch diese multimediale Selbstdarstellung an Ansehen gewinnen. Für andere Berufsgruppen ist das Video noch recht exotisch, hier gilt es, die Entwicklungen der nächsten Zeit abzuwarten.

Wenn Sie sich (noch) nicht im Internet präsentieren möchten, können Sie das Web 2.0 dennoch für Ihre Jobsuche nutzen. Die folgende
Übersicht zeigt wie:

Web-2.0-Portale für die Jobsuche

Portal/Bereich	Webadresse	Tipp für die Jobsuche
Wikipedia, Wissen	www.wikipedia.de	Enthält Infos zu Märkten (z.B. Marktführer), Unternehmen und ihren Produkten; Personen oder Lehrstuhlinhaber können auf der Seite ermittelt werden.
YouTube, Video	www.youtube.de	Hier können Bewerbungsvideos für eine virale Bewerbungsstrategie hochgeladen werden.
Xing, Treffen	www.xing.de	Ideal, um Kontakte zu aktivieren und auszubauen, sich zu präsentieren und einander gegenseitig zu empfehlen.
Myspace, Treffen	www.myspace.de	Gute Seite, um das eigene Netzwerk zu pflegen und Freunde und Bekannte um Unterstützung bei der Jobsuche zu bitten.
blog.de, Blog	www.blog.de	Blog-Verzeichnis, um eigene Blogs zu erstellen.
Blogger, Blog	www.blogger.de	Für eigene Blogs (professionellere Alternativen sind www.wordpress.de und www.typepad.de).
Facebook	www.facebook.de	Community, in der Sie sich selbst mit Foto präsentieren, Ihre Freunde und Bekannte suchen und Ihnen Nachrichten schicken können.
Flickr, Bilder	www.flickr.de	Community für Fotos, aber nicht wirklich jobtauglich.

Portal/ Bereich	Webadresse	Tipp für die Jobsuche
Stay- Friends, Treffen	www.stayfriends.de	Schauen Sie mal, was Ihre ehemaligen Schulkollegen so machen – und nehmen Sie Kontakt auf, um Ihr Netzwerk für die Jobsuche zu erweitern.
MyVideo, Video	www.myvideo.de	Vergleichbar mit Youtube (siehe oben).
del.icio.us, Bookmark	www.del.icio.us	Recherchen Sie in den Bookmarks (Lesezeichen) anderer Mitglieder und profitieren Sie von deren Branchenkenntnissen, z.B. beim Zusammenstellen der für ein Segment zentralen Webseite.
StudiVZ, Studenten- netzwerk	www.studivz.net	Sorgen Sie rechtzeitig für gute Kontakte mit Kommilitonen, vernetzen Sie sich, z.B. auf dieser Seite. Aber Vorsicht: StudiVZ gilt auch als geheime Quelle für Personalchefs, die sich inkognito einloggen.

Lebensläufe in Datenbanken

Die Idee, sich finden zu lassen, ist so neu nicht. Die allgemeinen Stellenbörsen besitzen schon seit ihrer Gründung vor etwa zehn Jahren Datenbanken, in denen Arbeitgeber und Personalberater nach passenden Kandidaten recherchieren können. Für die Nutzung dieser Datenbank zahlen sie. Provisionen für eine Vermittlung gibt es nicht. Nur wenn ein Headhunter einen offiziellen Suchauftrag hat, bekommt er bei Vertragsabschluss 15 bis 40 Prozent des Jahresgehalts seines „Findlings", unabhängig davon, wo er ihn aufgespürt hat. Das Portal selbst fungiert indes nicht als Vermittler.

Die Stellenbörsen speichern den Lebenslauf des Bewerbers. Diese Lebensläufe sind Formulare, die nach einem bestimmten Muster (z. B. persönliche Daten, Berufsabschlüsse, frühere Arbeitgeber) auszufüllen sind, und erinnern an eine Online-Formularbewerbung. Sie können selbst bestimmen, ob Sie den Online-Lebenslauf nur für Ihre Bewerbung nutzen wollen oder auch, um gefunden zu werden.

Das Ausfüllen kostet 15 bis 30 Minuten Zeit. Es empfiehlt sich, wie bei den Online-Formularbewerbungen bei Unternehmen, die angefragten Lebenslaufstationen vorzubereiten, damit Sie diese einfach per Copy & Paste (Kopieren und Einfügen, über Steuerung und A und Steuerung und C) einsetzen können. Bei der Jobbörse Monster können Sie einen Word-Lebenslauf hochladen. Zusätzlich haben Sie Freitextfelder zur Verfügung. Diese sollten Sie mit möglichst vielen einschlägigen Schlagwörtern füllen, denn Lebensläufe werden meist nicht von Hand, sondern mit Hilfe einer Software durchsucht. Füllen Sie diese Freitextfelder sorgfältig und mit Bedacht aus. Beim Gesuchstitel für Ihren Lebenslauf sollten Sie sich die gleichen Gedanken machen wie beim freien Texten.

Doch lohnt sich diese Mühe? Die Antwort ist ein klares Ja, sofern Sie einen interessanten Fachlebenslauf haben. Natürlich sind es vor allem die gefragten Berufsgruppen aus IT und Technik, auf deren Erscheinen in der Stellenbörse schnell und häufig reagiert wird. Mir sind auch viele Fälle bekannt, in denen Interessenten über Monster oder Stepstone einen Job gefunden haben. Führungskräfte ab der mittleren Ebene sind oft bei Experteer oder Placement24 besser aufgehoben. Mein Tipp: Testen Sie erst einmal die Datenbank, in der Sie auch die meisten Stellenangebote finden, die zu Ihnen passen. Nehmen Sie eine zweite dazu, wenn die Resonanz zu dünn ausfällt.

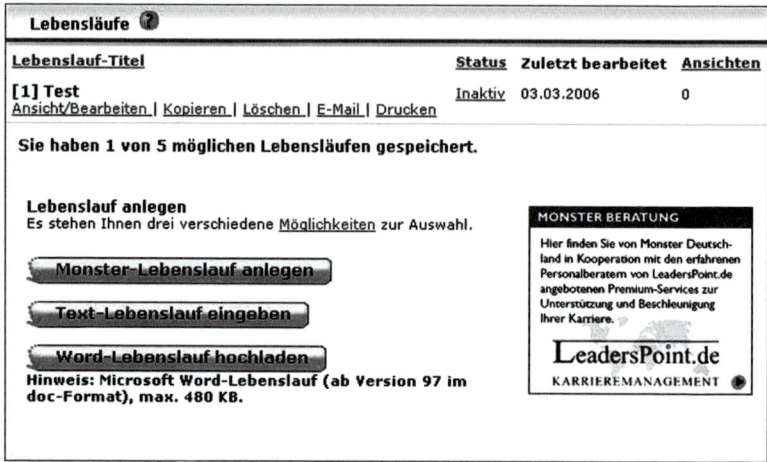

Bei Monster.de haben Sie die Wahl, ob Sie einen Formular-Lebenslauf anlegen wollen, einen Text-Lebenslauf eingeben oder ein Word-Dokument hochladen wollen.

*Erforderliche Angaben

Lebenslauf ⑦

* Lebenslauf-Titel:	Sales Manager

(z.B. Marketing Direktor, Erfahrener Handelsvertreter)

* Lebenslauf-Sprache Deutsch ▾

* Lebenslauf-Status (?)

○ **Aktiv**- Ich möchte, dass Arbeitgeber meinen Lebenslauf finden!
  ☑ Blenden Sie folgende Angaben für Arbeitgeber aus:
  E-Mail, Name/Adresse/Telefon, Referenzen, Name des aktuellen Arbeitgebers
○ **Inaktiv**- Ich möchte nicht, dass Arbeitgeber meinen Lebenslauf finden, sondern möchte ihn nur für meine Onlinebewerbungen verwenden.

Für den Datenschutz wichtig: Kreuzen Sie an, dass interessierte Unternehmen und Personalberater Ihre Kontaktdaten und den Namen des aktuellen Arbeitgebers nicht sehen können, wenn Sie derzeit noch im Job stehen.

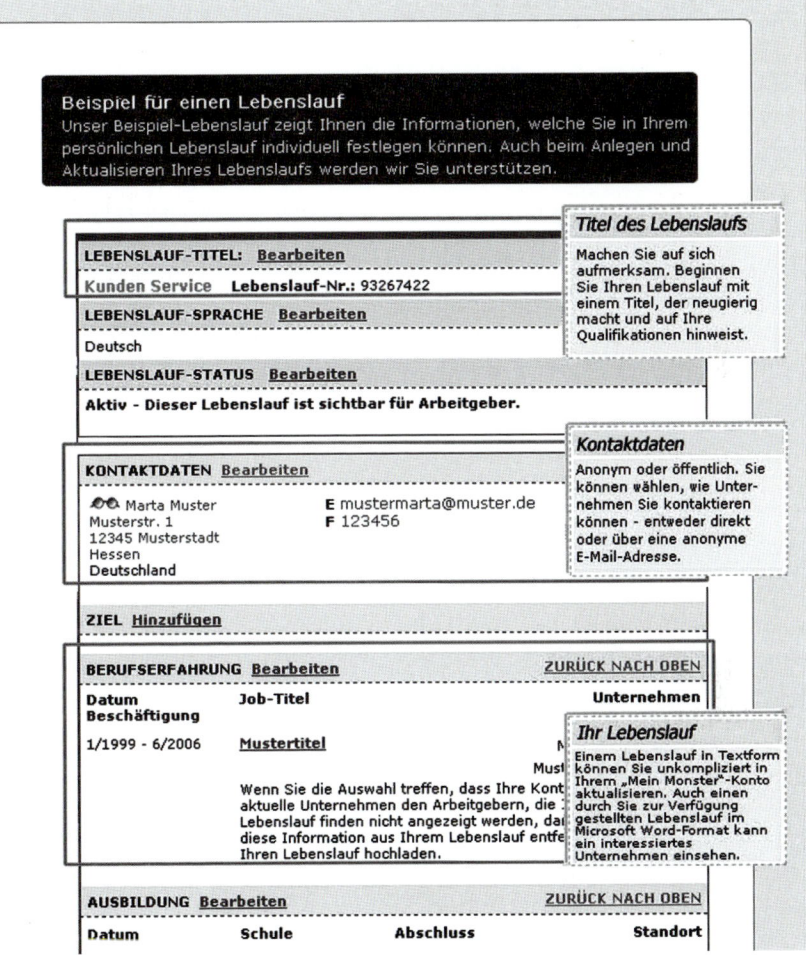

Beispiel für einen Lebenslauf
Unser Beispiel-Lebenslauf zeigt Ihnen die Informationen, welche Sie in Ihrem persönlichen Lebenslauf individuell festlegen können. Auch beim Anlegen und Aktualisieren Ihres Lebenslaufs werden wir Sie unterstützen.

LEBENSLAUF-TITEL: Bearbeiten

Kunden Service   **Lebenslauf-Nr.:** 93267422

LEBENSLAUF-SPRACHE Bearbeiten

Deutsch

LEBENSLAUF-STATUS Bearbeiten

Aktiv - Dieser Lebenslauf ist sichtbar für Arbeitgeber.

KONTAKTDATEN Bearbeiten

Marta Muster   E mustermarta@muster.de
Musterstr. 1   F 123456
12345 Musterstadt
Hessen
Deutschland

ZIEL Hinzufügen

BERUFSERFAHRUNG Bearbeiten   ZURÜCK NACH OBEN

Datum   **Job-Titel**   **Unternehmen**
Beschäftigung

1/1999 - 6/2006   **Mustertitel**

Wenn Sie die Auswahl treffen, dass Ihre Kont
aktuelle Unternehmen den Arbeitgebern, die
Lebenslauf finden nicht angezeigt werden, da
diese Information aus Ihrem Lebenslauf entfe
Ihren Lebenslauf hochladen.

AUSBILDUNG Bearbeiten   ZURÜCK NACH OBEN

Datum   **Schule**   **Abschluss**   **Standort**

Titel des Lebenslaufs
Machen Sie auf sich aufmerksam. Beginnen Sie Ihren Lebenslauf mit einem Titel, der neugierig macht und auf Ihre Qualifikationen hinweist.

Kontaktdaten
Anonym oder öffentlich. Sie können wählen, wie Unternehmen Sie kontaktieren können - entweder direkt oder über eine anonyme E-Mail-Adresse.

Ihr Lebenslauf
Einem Lebenslauf in Textform können Sie unkompliziert in Ihrem „Mein Monster"-Konto aktualisieren. Auch einen durch Sie zur Verfügung gestellten Lebenslauf im Microsoft Word-Format kann ein interessiertes Unternehmen einsehen.

Beispiel für die Einstellungen, die Sie in Ihrem Monster-Lebenslauf vornehmen können.

Suchanzeigen

In einigen Stellenmärkten, vor allem den branchenbezogenen, können Sie klassische Suchanzeigen schalten. Auch dieser Weg kann zum Ziel führen. Erfolgreiche Suchanzeigen schalten Sie dabei in einem möglichst branchennahen Umfeld. Viele Branchenverbände bieten die Möglichkeit, Textanzeigen in ihren per E-Mail verbreiteten Newslettern oder in einer Verbandszeitschrift zu schalten, beispielsweise der Unternehmerverband für den Außenhandel AGA (www.aga-verband.de).

Bei der Suchanzeige müssen Sie kein möglichst vollständiges Bild von sich abgeben, sondern vor allem ein markantes. Das kann bedeuten, einige Kompetenzen und Kenntnisse nicht zu erwähnen, und fordert den Mut zur Lücke. Ein Stellengesuch ist schließlich kein Lebenslauf. Ein Beispiel: Französischkenntnisse sind immer wertvoll, aber meist nicht relevant für eine Möbelverkäuferin in Deutschland. Ganz anders sähe das aus, wenn sich diese Möbelverkäuferin für eine Stelle in Frankreich oder der französischsprachigen Schweiz interessierte. Stellen Sie das heraus, was in Ihrem individuellen Fall relevant ist.

Beispiele:
- Mitarbeiter Vertriebsinnendienst, gern Außenwirtschaft, SAP/R3 SD/MM-Kenntnisse, fließendes Englisch, sehr gutes Spanisch und Französisch
- Apotheker mit Zusatzausbildung in der Medizindokumentation, Weiterbildung zum Fachapotheker, sucht Mitarbeit in der Dokumentation oder Kundeninformation.

Weniger ist meist mehr! Welche Fertigkeiten Sie sich beispielsweise im Umgang mit dem PC zuschreiben, hängt von der Art Ihrer Tätigkeit und Ihrem Berufsziel ab. In manchen Jobs ist EDV-Wissen ein netter Zusatz, in anderen unabdingbar. Je nachdem sollten Sie Ihre Kenntnisse deshalb allgemein (gute Kenntnisse im Bereich EDV und E-Commerce) oder spezieller beschreiben (beherrsche MS Word, Excel, Access und Adobe Photoshop).

Sich initiativ bewerben

Harald hatte sich schon während des Studiums auf das Thema Business-Development im Bereich Medien spezialisiert und drei passende Praktika absolviert. Für seine Initiativbewerbung rief er fünf Unternehmen an, die alle an seinen Unterlagen interessiert waren. Vier davon luden ihn zum Gespräch ein und am Ende hatte Harald zwei Angebote.

So einfach geht das nicht immer: Weniger spezialisierte Bewerber mit bunteren Lebensläufen und mittleren oder schlechten Noten müssen weitaus mehr unternehmen. Dennoch können sich Initiativbewerbungen lohnen – vor allem, wenn Stellen in Ihrem Bereich kaum ausgeschrieben sind und eines der folgenden Merkmale auf Sie zutrifft:

- Sie üben eine standardisierte Tätigkeit aus und haben Branchenerfahrung, z. B. als Chefsekretärin.
- Sie sind Spezialist für eine Tätigkeit und/oder Branche.
- Sie haben Marktkenntnisse in einem Branchensegment, die Sie bei Wettbewerbern Ihres Arbeitgebers einsetzen könnten.
- Sie bewerben sich in kleineren Unternehmen und im Mittelstand.

Schlechte Erfahrungen habe ich mit Initiativbewerbungen von generalistisch orientierten Absolventen bei Großunternehmen gemacht. Hier lohnt sich das initiative Bewerbungsvorstellen nur, wenn Sie ein Spezialgebiet haben und Ihre Noten überdurchschnittlich sind.

Das Rezept für eine erfolgreiche Initiativbewerbung ist Klarheit in der Ansprache und bei der Wahl der Zielgruppe. Sie müssen mindestens ein eindeutiges Verkaufsargument nennen. Und Sie sollten wissen, an wen Sie Ihre Initiativbewerbung senden. Dabei sollten Sie ihre Mappe nie einfach so abschicken, sondern stets vorher anrufen! Jedenfalls gilt das, solange Sie sich nicht bei Konzernen bewerben. Bei Konzernen ist der Anruf vorher zwar auch empfehlenswert – es ist aber wesentlich schwerer, hier zu wirklich für die Einstellung relevanten Personen durchzudringen. Oft wird geblockt, so dass Sie gar keine andere Chance haben, als das Online-Formular für die Initiativbewerbung zu nutzen.

Beispiele:

- Die japanische Muttersprachlerin und BWL-Absolventin bewirbt sich bei japanischen Unternehmen.
- Der Medizintechnikexperte bewirbt sich innerhalb der Branche.
- Die Sekretärin mit Englisch-, Spanisch- und Französischkenntnissen bewirbt sich im Außenhandel.
- Der Innendienstmitarbeiter mit SAP-/R3 SD/MM-Kenntnissen zielt auf generalistische Personalberatungen, die kaufmännisches Personal vermitteln.
- Der Vertriebsleiter Retail setzt bei seinen Bewerbungen auf Handelsunternehmen.

Initiativbewerbungen sollten breiter formuliert sein als Bewerbungen auf Anzeigen. Sie sollten also mehr herausstellen, was Sie können, wissen und gelernt haben – und die Position, die Sie anstreben, offen lassen. Mögliche Formulierung:

„Inititiativbewerbung für eine Position im Vertriebsinnendienst oder Einkauf – unser Gespräch von heute"

Allerdings sollten die Bereiche, für die man sich interessiert, nicht allzu sehr auseinanderklaffen. Wer sich beispielsweise sowohl für das Controlling als auch für Einkauf und Vertrieb bewirbt, macht sich unglaubwürdig.

Das Internet unterstützt Sie dabei, geeignete Adressen für die Initiativbewerbung zu finden. Dabei gilt es, findig zu sein: Haben Sie etwa gerade eine Ausbildung zum Online-Marketing-Fachwirt absolviert, schauen Sie in die Mitgliederliste des Bundesverbands digitale Wirtschaft BVDW (www.bvdw.org) oder suchen bei Xing Angestellte, die den gleichen Jobtitel wie Sie tragen. Deren Arbeitgeber könnte auch Ihrer werden.

Darüber hinaus können Sie verschiedene Suchtricks nutzen, wenn Sie nach Unternehmen aus bestimmten Branchen recherchieren.

- Geben Sie bei Google Begriffe wie „größte US-Unternehmen in Hamburg" ein oder „größte Eventagenturen" – Sie finden dann oft Rankings.
- Recherchieren Sie auf Branchenportalen wie www.logistik-heute.de für die Logistik.
- Nutzen Sie Verzeichnisse wie www.werzuwem.de oder www.werliefertwas.de.

Initiativbewerbungen zielen auf den oben bereits erwähnten verdeckten Stellenmarkt. Es geht darum, freie oder frei werdende Stellen zu finden, die noch nicht öffentlich bekannt sind, sondern von denen Sie nur durch Andeutungen erfahren: Einem Medienbericht über die neuen Pläne eines Unternehmens können Sie entnehmen, wie die zukünftige Unternehmensstrategie aussieht und was das für die Personalsuche höchstwahrscheinlich bedeutet. Beispiel: 2009 legte ein bekannter Verlag drei Wirtschaftsredaktionen zusammen, zwei zogen von Köln nach Hamburg. Da es erfahrungsgemäß so ist, dass nur ein geringer Teil einer Belegschaft solche Umzüge mitträgt, war von neuen Stellen in Hamburg auszugehen. In Handelsregistereinträgen können Sie neue Firmen in Ihrem Ort finden. Das kostet allerdings einige Euros, wenn Sie über Plattformen wie handelsregister-online.de oder die Datenbank Genios.de gehen.

Im Internet gibt es zudem einen teilweise verdeckten Stellenmarkt – auf den Karriereseiten der Unternehmen. Dort wird beispielsweise beschrieben, welche Qualifikationen und Persönlichkeitsmerkmale gefragt sind und wie viele Positionen pro Jahr vergeben werden.

Das ist vor allem für Berufseinsteiger – vornehmlich Absolventen – relevant. Manche Stellen geben Firmen zudem ausschließlich auf der eigenen Website bekannt. Sie werden damit lediglich den Besuchern der Website zugänglich, also jenen, die gezielt recherchieren. Diese Besucher sind an der Firma meist besonders interessiert. Ihre Bewerbung wird automatisch zielgerichteter ausfallen als die Bewerbung von jemandem, der sich überall bewirbt und keine besonderen Wünsche an Branche und Unternehmen hat.

Netzwerke, Mailinglisten, Foren

Netzwerke wirken in mehrfacher Hinsicht direkt positiv auf die Jobsuche. Zum einen ist da der persönliche Kontakt zu Menschen aus der gleichen oder, oft noch besser, aus verschiedenen Branchen und Bereichen. Zum anderen sind da die „Tools" dieser Netzwerke, die die Gemeinschaft auch online zusammenhalten: Newsletter, Mailinglisten und Foren.

Branchenspezifische Anbieter im Internet geben häufig eigene E-Mail-Newsletter heraus, teilweise gefüllt mit Stellenangeboten. Voraussetzung ist, dass Sie den Newsletter vorab abonniert haben. Meist müssen Sie dafür zuvor lediglich Ihre E-Mail-Adresse hinterlassen. Manchmal bekommen Mitglieder eines Verbands auch automatisch den dazugehörigen Newsletter.

Aus Newslettern können Sie auch Ideen für Ihre Initiativbewerbung gewinnen. So verrät der zweimal täglich erscheinende Newsletter des Mediengurus Peter Turi (www.peter-turi.de) alles Neue aus der Branche. Jobs werden zwar nicht ausgeschrieben, aber es wird von Fusionen, neu besetzten Stellen oder geänderten Strategien berichtet. Nutzen Sie solches Wissen für Ihre Bewerbung!

Wirklich verdeckt und abgeschottet vom Zugriff „Unbefugter" sind Stellenangebote, die über Newsletter und Mailinglisten verbreitet werden. Mailinglisten sind Listen von Teilnehmern an per E-Mail geführten Fachdiskussionen. Besonders interessant sind solche Listen für Sie, wenn sich hier Angestellte verschiedener Firmen austauschen. Das geht dann so:
„In meiner Firma wird demnächst die Stelle einer Personaldisponentin frei. Ist jemand unter euch, der sich eignet? Bewerbungen richtet ihr bitte direkt an meine Chefin ..."

oder so:

„Bewerbt euch doch mal bei XY. Meine Freundin arbeitet dort und weiß, dass dort zwei Stellen im Bereich Programmierung vakant sind."

Ein Beispiel für solche Mailinglisten ist die Jobliste der Webgrrls. Die Webgrrls e.V. sind ein Zusammenschluss internetaffiner Frauen aus unterschiedlichen Branchen, die sowohl angestellt als auch selbständig arbeiten. Finden Sie heraus, ob es für Ihre Branche eine solche Mailingliste oder einen passenden Verband gibt.

Auch in fachspezifischen Foren veröffentlichen Teilnehmer Stellenangebote. Diese stammen teilweise aus der eigenen Firma oder sind „Fundstücke" aus dem Internet, die Teilnehmer den anderen Mitgliedern präsentieren möchten. Oft, aber durchaus nicht immer handelt es sich hierbei um Angebote eher kleinerer Firmen. Meist müssen Sie sich für die Teilnahme an einem Forum zuvor anmelden und dabei persönliche Daten hinterlassen. Nicht jedes Forum akzeptiert jeden als Mitglied. So können in bestimmten Diskussionsforen nur Branchenzugehörige mitreden; bei Xing etwa gibt es Diskussionsgruppen, deren Mitgliedschaft Sie vorher beantragen müssen.

Suchen Sie sich, z. B. bei Xing.de, jene Foren aus, die zu Ihrer Berufsausbildung, Ihren Interessen und Ihrer Branche passen. Besuchen Sie diese Foren regelmäßig. Trauen Sie sich mitzudiskutieren.

Neue Wege wagen

Es gibt glücklicherweise neben dem Internet auch noch die reale Welt und Menschen, die Sie – ohne den Umweg über die E-Mail zu gehen – persönlich ansprechen können, am Telefon oder „leibhaftig". Erweitern Sie Ihr Blickfeld und suchen Sie vor allem auch in Ihrem Umfeld nach Jobs. Fahren Sie stets mehr- und nie eingleisig.

Bekannte und Freunde können beispielsweise die schwarzen Bretter Ihrer Arbeitgeber für Sie inspizieren oder Mitarbeiterzeitschriften für Sie sammeln. Viele Unternehmen schreiben Ihre Stellen zunächst intern aus – für Sie ist dies also eine Chance, frühzeitig von der neuen

Position zu erfahren, die eines Ihrer Wunschunternehmen aus-
schreibt.

Machen Sie kein Geheimnis aus Ihrer Jobsuche, sondern binden Sie
Freunde und Bekannte ein, auch Ihre früheren Kollegen. Hier hilft
ebenfalls das Internet mit seinen Netzwerkplattformen oder auch die
E-Mail. Dazu ein paar Anregungen:

- Ehemalige Kollegen können für Sie bei den eigenen Arbeitgebern
  Kontakte herstellen und Wege bereiten.
- Freunde und Bekannten können Sie an das eigene Netzwerk wei-
  tervermitteln.
- Der frühere Chef oder/und die Kollegen können Ihren Lebenslauf
  weiterreichen – an Zulieferer der eigenen Firma, Messekontakte
  oder Sportkameraden.
- Freunde und Bekannte können für Sie die Jobsituation in der eigenen Firma beobachten und Sie auf dem Laufenden halten: Vielleicht
  wird die Kollegin schwanger oder der Kollege wird befördert, eine
  Abteilung wird umstrukturiert oder erweitert, der Export zieht an
  oder es eröffnen sich neue Geschäftsfelder.

Trauen Sie sich, andere um Hilfe zu bitten. Überprüfen Sie dabei Ihr
eigenes Denken und Verhalten. Nur wer auch selbst bereit wäre,
andere bei der Jobsuche oder bei anderen Dingen zu unterstützen,
kann um Hilfe bitten. Das ist das Grundprinzip des Netzwerkens.

Die Bewerbung über das Internet

Viele Wege führen nach Rom, mehrere auch zu Ihrem Wunscharbeitgeber. Das Internet ist nur ein Transportmittel für Ihre Bewerbungspost. Allerdings längst nicht so zuverlässig wie die Briefpost: Viele E-Bewerbungen gehen verloren oder sie werden nie geöffnet. Meine Erfahrung ist: Die Quote ungeöffneter Post steigt stark an und damit auch die Zahl unbeachteter Bewerbungen. Das heißt allerdings nicht, dass Sie sicherheitshalber auf die Briefpost setzen wollen. Sie sollten nur sicherstellen, dass Ihre Unterlagen auch ankommen. Wenn Sie eine Woche nach dem Abschicken keine Resonanz erhalten haben, sollten Sie deshalb unbedingt nachfragen, ob Ihre Mail angekommen ist.

Die per E-Mail beförderte Bewerbung entspricht inhaltlich weitestgehend einer Postbewerbung. Sie enthält ein Anschreiben, einen Lebenslauf, ein Foto und Anlagen. Es gelten die gleichen Regeln wie bei jeder schriftlichen Bewerbung: Alles soll ordentlich gestaltet sein und Ihre Fähigkeiten und Kenntnisse optimal zur Geltung bringen. Was das Thema E-Mail-Bewerbung so schwierig macht und geradezu mystifiziert: Es kommen zu den vorhandenen Standardregeln noch weitere Internetregeln hinzu. Der Internetpostkorb ist ein schwer berechenbarer Verwandlungskünstler. Er kann aus dem König einen Frosch machen und eine schön formatierte, saubere Bewerbung in eine hässliche Angelegenheit verwandeln. Da werden dann etwa Euro-Zeichen zu Fragezeichen – peinlich, wenn dies bei der Angabe der Gehaltsvorstellung geschieht.

Neben der oben beschriebenen per E-Mail verschickten Bewerbung läuft auch die Online-Formularbewerbung über das Internet. Für diesen Typ Bewerbung stellen Unternehmen individuell entwickelte Formulare auf ihren Webseiten bereit. Sie müssen dabei die von der Firma gewünschten Schritte gehen und die verlangten Angaben machen, freie Gestaltung ist da kaum möglich. Oft können Sie zudem weitere Dokumente wie Ihren Lebenslauf und Zeugnisse hochladen. Diese Bewerbung ist aus meiner Sicht die eigentliche Internetbewerbung, denn anders als die E-Mail-Bewerbung unterscheidet sie sich auch inhaltlich von einer Bewerbung per Post. Sie besteht aus von Ihnen beantworteten Fragen und Einstufungen Ihrer Kenntnisse.

Diese Internetbewerbung versenden Sie nicht aus Ihrem E-Mail-Programm heraus, sondern über die Website der Firma. Dabei kann technisch auch einiges schiefgehen, was aber anders als bei der E-Mail oft nicht an Ihnen, sondern an der Software liegt. So kommt es durchaus vor, dass die Software „abstürzt" oder Ihre Daten nicht übermittelt werden. Das merkt man manchmal gar nicht und manchmal nur daran, dass es am Ende keine Meldung über die erfolgreiche Vermittlung der Bewerbung gibt. Sichern Sie deshalb Texteinträge, in dem Sie diese zusätzlich in Word abspeichern (oder gleich hier schreiben und per Copy und Paste im Formular einsetzen). Erhalten Sie keine Bestätigung, dass Ihre Bewerbung übermittelt worden ist, setzen Sie sich mit dem Unternehmen in Verbindung und haken Sie nach.

Immer mehr Unternehmen laden Sie erst zur Internetbewerbung ein, wenn Sie zuvor ein Online-Assessment-Center absolviert haben, etwa die Lufthansa. Bewerbungen werden von dem deutschen Flugunternehmen erst berücksichtigt, wenn Sie einige Übungen zum mathematischen Verständnis, zum sprachlichen Vermögen oder zur Reaktions- und Entscheidungsschnelligkeit bestanden haben. Dieses Online-Assessment-Center ist dann ein Teil der Online-Formularbewerbung.

Wie bewerben?

Eine der meistgestellten Fragen lautet: Wie soll ich mich bewerben, wenn das Unternehmen mehrere Möglichkeiten eröffnet? Die meisten Großunternehmen bevorzugen inzwischen fraglos die Bewerbung über ihr eigenes Formular, schlicht und ergreifend aus Kosten- und Effizienzgründen. Wegen der hohen Kosten für die Implementierung einer solchen Lösung ist die Online-Bewerbung in der Regel nur für Großunternehmen geeignet. Die Wahl haben Sie eher bei den kleineren und mittleren Unternehmen, auf deren Website meist neben der E-Mail-Adresse auch die Postadresse steht.

Doch ganz so offen ist das auch hier nicht mehr: Während vor wenigen Jahren viele dieser kleinen und mittleren Unternehmen noch das Papier bevorzugten, hat sich dies seit einiger Zeit radikal verändert. Grund ist das Allgemeine Gleichstellungsgesetz AGG, das den Unternehmen Dokumentationspflichten auferlegt. Im Fall des Falles müssen sie nachweisen, dass ein Bewerber allein aufgrund seiner fachlichen Qualifikation abgewiesen worden ist. Unterlagen müssen also aufbewahrt werden – und das funktioniert mit Bewerbungsunterlagen, die per E-Mail kommen, besonders einfach und erklärt den Trend. Hinzu kommt, dass sich PDF auf breiter Front durchgesetzt und sich das Leseverhalten verändert hat – E-Mail-Bewerbungen werden deshalb viel besser akzeptiert als früher.

Einige Ausnahmen sind branchenspezifisch: Manche Behörden bevorzugen beispielsweise immer noch die Bewerbung per Post, teilweise gleichwertig mit der E-Mail, ebenso einige Institutionen und kleinere, konservative Firmen. Aus meiner Sicht ist aber der Siegeszug der E-Mail nicht aufzuhalten. Über kurz oder lang wird es nur noch E-Mail-Bewerbungen und Internetformularbewerbungen geben.

Vorher: Das eigene Berufsziel finden

Nur wer sein Ziel kennt, kann es erreichen. Das ist eigentlich selbstverständlich. Dennoch spreche ich häufig mit Bewerbern, die sich ohne Ziel bewerben – und sich nach 100 oder mehr Bewerbungen wundern, dass es einfach nicht klappt.

Bevor Sie eine Bewerbung rausschicken, sollten Sie sich also genau darüber klar werden. Viele Bewerber haben Ihr berufliches Ziel nicht genau vor Augen; ihnen ist auch nicht klar, was sie mit den vorhandenen Fähigkeiten und Erfahrungen tun und erreichen können. Sie können sich nicht selbst einschätzen und wissen nicht, für welche Positionen ihre Qualifikationen ausreichen und für welche nicht. Ihr Motto lautet dann oft: Hauptsache, ich bekomme einen Job.

Die Folge: Der Lebenslauf hat keinen roten Faden, die Bewerbung kann gar nicht zur angestrebten Stelle passen. Bewerbungen, die aber nicht mindestens 85-prozentig auf die Anforderungen zugeschnitten sind, werden aussortiert. „Ein bisschen zu passen", also nur einen Teil der geforderten Anforderungen mitzubringen, reicht heute nicht mehr aus.

Marketing oder Vertrieb? Controlling oder Projektmanagement? Unternehmensberatung oder Konzern? Wenn Sie sehr stark schwanken und nicht wissen, wo Sie hingehören, empfehle ich Ihnen, erst einmal Zeit in die Klärung dieser Frage zu investieren. Oft hilft auch der Blick von außen, denen Ihnen ein Karriereberater bieten kann.

Wichtig ist auch, sich nicht nur von schönen Markennamen verleiten zu lassen. Fehler bei der ersten Berufswahl lassen sich korrigieren, aber dies ist immer mit einigem Aufwand und oft auch Kosten verbunden. Je mehr Wechsel Sie in Ihrem Lebenslauf haben, desto schwieriger wird die Bewerbung werden, wenn Sie die 45 oder sogar 50 überschritten haben.

Tests zur Berufszielfindung

Bei der Berufszielfindung helfen auch Tests. Davon gibt es einige im Internet. Sie können diese als Anhaltspunkt nehmen, aber bitte nicht als alleinige Entscheidungsgrundlage. So habe ich immer mal wieder Klienten, die sich aufgrund eines 40-Euro-Tests für einen Beruf oder ein Studium entschieden haben, das sich im Nachhinein als „doch nicht" passend herausgestellt hat. Drei, vier Beratungsstunden scheinen erst einmal teuer, zahlen sich aber langfristig aus, da sie dazu beitragen, entscheidende Fehler zu vermeiden und die Weichen richtig zu stellen.

Im Folgenden finden Sie einige Adressen, unter denen Sie kostenlos oder kostenpflichtig Tests zur Berufszielfindung oder Potenzialanalyse absolvieren können:

- Geva-Institut (www.geva-institut.de): „Was soll ich werden?" nennt sich der Berufsorientierungstest des Instituts. Sinnvoll, aber bitte nicht als alleinige Entscheidungsgrundlage nutzen.
- Keirsey.com (www.keirsey.com): Hier finden Sie eine Version des MBTI-Tests, der Sie einem bestimmten Typus zuordnet. Der Test beruht auf Erkenntnissen des Psychologen C.G. Jung. Die Seite ist englischsprachig.
- Egoload (www.egoload.de): Ein einfacher Kurztest, der keine allzu große Relevanz für die Berufsentscheidung hat – aber einen netten Selbsterkundungstrip bietet.
- HVB-Profil (www.hvbprofil.de): Ein kostenloser Tests und recht gute Potenzialanalyse.
- Reiss-Profil (www.reissprofile.eu): Der Reiss-Test ermittelt Ihre Lebensmotive, die wiederum die wichtigste Grundlage zur Persön-

lichkeitsentfaltung bieten. (Der Test darf nur von ausgebildeten Trainern ausgewertet werden – dazu gehöre auch ich. Unser Reiss-Angebot finden Sie unter www.karriereundentwicklung.de.)

Die Bewerbung per E-Mail

Susanne war 15 Jahre für den gleichen Arbeitgeber im Vertrieb tätig gewesen. In dieser Zeit hatte sie nur wenig am PC gearbeitet. Zu Hause nutzte sie nur das Programm „Wordperfect", eine eher seltene Textverarbeitung. Da Susanne sich wenig für Technik interessierte, kannte sie den Namen ihres Programms nicht und dachte, es sei das „Word", das auch alle anderen nutzten. Sie erstellte mit der Software Anschreiben und Lebenslauf und versendete Bewerbungen. Doch niemand konnte ihre Dateien öffnen und ansehen. Das merkte sie allerdings erst, nachdem der erste Schub Bewerbungen weg war.

Der Umgang mit dem PC ist zwar normal, viele Nutzer haben jedoch ein sehr oberflächliches und rein auf die Anwendung einer Software bezogenes Wissen. Das Bewusstsein für Dateiendungen etwa ist kaum ausgeprägt. Immer noch schicken Bewerber alle nur denkbaren Formate durch das Internet: Lebensläufe als Wordpad-Datei, Fotos als gif und Zeugnisse als jpg. Einige versenden auch exe-Dateien mit Dateiarchiven, die sich normalerweise automatisch entpacken.

Doch damit sollte Schluss sein. Inzwischen hat sich das PDF (Portable Document Format) durchgesetzt. Auf jedem Computer lassen sich PDF-Dateien mit dem Acrobat Reader lesen. Und jeder kann diese mit einem kostenlosen PDF-Programm erstellen. Der Austausch von PDF ist auch deshalb sinnvoll, weil diese Dateien sich leicht archivieren lassen und beim Empfänger so ankommen, wie sie geschickt worden sind.

Das alles sind Empfehlungen. Eine Norm für E-Mail-Bewerbungen gibt es genauso wenig wie eine Norm für Postbewerbungen. Doch es gibt ungeschriebene Gesetze:

- Eine Bewerbung besteht mindestens aus Anschreiben und Lebenslauf. Besteht sie nur aus Anschreiben und Lebenslauf, handelt es sich um eine Kurzbewerbung.
- Eine vollständige Bewerbung („Bitte senden Sie Ihre vollständigen Unterlagen") umfasst Anschreiben, Lebenslauf mit Foto und Zeugnisse.
- Der Lebenslauf sollte lückenlos sein. Eine tabellarische Form bietet sich in Deutschland sowie in der Schweiz und in Österreich an.
- Das Anschreiben ist entweder formatiert wie ein Brief und abgespeichert als PDF oder es ist im Bodytext der E-Mail zu finden. Vielfach empfiehlt es sich, hier zweigleisig zu fahren: Ein PDF-Anschreiben formatieren und eine Kurzform des Anschreibens mit Hinweis auf die weiteren Anlagen in die eigentliche Mail setzen.
- Ein Foto ist auf dem Lebenslauf rechts oder auf einem Extra-Deckblatt untergebracht. Es ist im PDF-Dokument mitgespeichert. Es hängt auf keinen Fall separat an der Mail.

Der Lebenslauf

Immer noch hält sich hartnäckig das Gerücht, ein Lebenslauf dürfe nicht länger als eine Seite sein. Andererseits haben einige Bewerber die Freiheit der Lebenslaufgestaltung entdeckt und schreiben schon als Absolvent fünfseitige Werke. Das eine ist meist zu wenig und das andere definitiv zu viel. Der ideale Lebenslauf ist ohne Deckblatt zwei bis drei Seiten lang. Haben Sie wenige oder keine Berufserfahrung oder arbeiten Sie im gewerblichen Umfeld, etwa als Maler, reicht auch eine Seite.

Der Aufbau eines Lebenslaufes ist frei gestaltbar. Wichtig ist, dass er übersichtlich und lückenlos ist und aussagt, was Sie in Ihrem bisherigen Berufsleben geleistet haben. Bei Fach- und Führungskräften kommt eine Leistungs- und Erfolgsorientierung hinzu. Der Lebenslauf sollte dann ihre für eine neue Position relevanten Leistungen und Erfolge möglichst konkret darlegen.

Sinnvollerweise teilen Sie Ihren Lebenslauf erst einmal in Rubriken ein. Diese können sein:

- **Persönliche Daten.** Die persönlichen Daten enthalten Geburtsdatum und -ort sowie eventuell, aber nicht zwingend, den Familienstand. Gerade Frauen rate ich oft davon ab, auf die persönlichen Verhältnisse einzugehen. Meiner Erfahrung nach hat die Nicht-Erwähnung keine Auswirkungen auf die Einladungsquote zu Gesprächen. Die Angabe der Konfession ist nur dann sinnvoll, wenn Sie sich im kirchlichen Umfeld bewerben. Wer einen nicht-deutschen Namen trägt, sollte zudem die Staatsangehörigkeit benennen oder/und gegebenenfalls auf eine Aufenthaltsgenehmigung hinweisen.
- **Berufliches Ziel.** Dies ist aus dem angloamerikanischen Lebenslauf entlehnt. Sie beschreiben kurz, was Sie beruflich erreichen und wo Sie hinwollen. Ein Kann, kein Muss.
- **Profil.** Das Profil stammt ebenfalls aus dem angloamerikanischen Lebenslauf und ist die eigene Kurzbeschreibung, die wie ein Stellengesuch Ihre wichtigsten Kenntnisse, Fähigkeiten und Erfahrungen aufzählt.
- **Beruflicher Werdegang** (oder auch: Berufspraxis, Berufstätigkeiten). Hier führen Sie Ihre Berufstätigkeiten gegenchronologisch auf – also die aktuellsten zuerst.
- **Studium und Berufsausbildung.** Nennen Sie immer auch explizit die Abschlüsse, wenn es Sinn hat (weil die Schwerpunkte mit dem beruflichen Ziel harmonieren), auch die Schwerpunkte und bei

guten Noten (im allgemeinen also wenn Sie im oberen Drittel Ihres Jahrgangs lagen) auch diese.

- **Schulbildung.** Erwähnen Sie mindestens den letzten relevanten Schulabschluss. Die Grundschule zu nennen ist überflüssig.
- **Weiterbildungen.** Erwähnen Sie relevante, also zu Ihrem beruflichen Ziel passende Weiterbildungen und Zertifizierungen.
- **Sprachkenntnisse.** Versuchen Sie, diese so konkret wie möglich zu beschreiben. Die Stufen „fließend", „verhandlungssicher" und „Grundkenntnisse" sagen wenig aus. Erwähnen Sie lieber, wenn beispielsweise Englisch Ihre Arbeitssprache ist, oder benennen Sie TOEFL-Ergebnisse (Test of English as a foreign language).
- **EDV- oder IT-Kenntnisse.** Beschreiben Sie diese und ordnen Sie den Grad Ihrer Kenntnisse ein (z. B. Expertenkenntnisse oder Grundkenntnisse). Schreiben Sie nicht einfach „MS Office", sondern benennen Sie die Programme, mit denen Sie arbeiten.
- **Sonstiges** (wie Führerschein). Diese Rubrik sollten Sie einplanen, wenn Sie etwas Wichtiges mitteilen müssen, das sonst nicht im Lebenslauf erwähnt wird. Das kann der Führerschein sein, wenn Sie im Außendienst tätig sind. Auch besondere, autodidaktisch erworbene Kenntnisse haben hier Platz.
- **Optional: Auslandserfahrung.** Schreiben Sie hier Ihre Auslandsaufenthalte hinein. Diese können, müssen aber nicht an eine zeitliche Einstufung gebunden sein.
- **Optional: Ehrenämter.** Vor allem Absolventen sollten diese nennen.
- **Optional: Freizeitaktivitäten.** Absolventen sollten Ihre Hobbys nennen, alle anderen können das frei entscheiden. Manchmal sagen Freizeitbetätigungen einiges über die Persönlichkeit aus. Ein Marathonläufer etwa wird wahrscheinlich leistungsorientiert und ehrgeizig sein. Manchmal sind Freizeitaktivitäten auch schöne Einstiege für den Small Talk im Vorstellungsgespräch.

Die meisten Lebensläufe sind heute retrograd, das bedeutet gegenchronologisch aufgebaut. Die letzte Position erscheint zuerst unter einer Rubrik wie „Werdegang", „Berufspraxis" oder „Berufstätigkeiten" – nach einer Zusammenfassung Ihrer persönlichen Daten. Dieser Aufbau folgt dem Prinzip „das Wichtigste zuerst", damit der Personaler oder Fachverantwortliche Sie nicht an der Grundschule abholt und erst einmal lange blättern muss, bis er weiß, was Sie zuletzt gemacht haben.

Dieser umgekehrt chronologische Aufbau ist in den meisten Fällen vorteilhaft, aber ungünstig, wenn die letzte Position länger zurückliegt und Sie sich aus der Arbeitslosigkeit heraus bewerben. Allerdings können Sie zumindest längere Arbeitslosigkeit ohnehin kaum kaschieren; schämen müssen Sie sich dafür auch nicht. Charmanter als „Arbeitslosigkeit" klingt allerdings eine aktuelle Weiterbildung oder „Phase der beruflichen Orientierung". Dauert Ihre Arbeitslosigkeit länger als drei bis sechs Monate, denken Sie über eine Weiterbildung nach, die eine Kompetenzlücke in Ihrem Profil schließt. Überprüfen Sie nach mehreren Monaten Jobsuche auch Ihre Bewerbungsstrategie. Bewerben Sie sich zu wenig? Auf die falschen Stellen? Mit zu hohen Gehaltsvorstellungen? Oder scheitert es etwa am persönlichen Auftritt im Vorstellungsgespräch?

Bauen Sie Ihre beruflichen Etappen systematisch auf, am besten beschreiben Sie zunächst die Position, dann den Arbeitgeber und darunter Ihre zentralen Aufgabenbereiche. Führungskräfte beschreiben zudem einen Verantwortungsbereich, erwähnen Prokura, nennen die Zahl der Mitarbeiter und sagen, ob diese ihnen disziplinarisch oder fachlich zugeordnet waren. Wichtig ist außerdem die Angabe, ob Sie Budgetverantwortung hatten, sowie ein Hinweis, an wen Sie berichtet haben und auf welche Erfolge Sie zurückblicken. Letzteres sollten auch Vertriebsmitarbeiter und Key-Account-Manager tun. Eine solche Erfolgsorientierung kann auch für Absolventen sinnvoll sein, wenn sie sich in einem leistungsorientierten Umfeld, etwa einer Unternehmensberatung, bewerben. Beschreiben Sie dann, was Sie Besonderes im Studium oder im Ehrenamt erreicht haben.

Eine Variante ist der funktionale Lebenslauf. Diese Lebensläufe sind nach angloamerikanischem Vorbild an den Funktionen orientiert, die ein Bewerber innehatte, nicht an der Chronologie. Auf diese Weise wird die Tätigkeit an sich mehr in den Vordergrund gerückt, nicht so sehr der zeitliche Rahmen. Dies kann von Vorteil sein, wenn Ihr Lebenslauf sehr vielschichtig ist und Sie in verschiedenen Funktionsbereichen tätig waren. Günstig ist der funktionale Aufbau auch dann, wenn Sie einen Quereinstieg planen und Kenntnisse belegen möchten, die im normalen Lebenslauf untergehen. Sie können dann ähnlich geartete Kenntnisse in einer Rubrik bündeln.

In Deutschland kommt es am besten an, wenn Sie einen kurzen chronologischen Lebenslauf zusammen mit einem funktionalen bieten, da der deutsche Personaler auch eine lückenlose Datenübersicht erwartet. Den funktionalen Lebenslauf können Sie dann „Erfahrungsprofil" nennen, das ist eine verbreitete Bezeichnung. Manche Personalberater erstellen solche Erfahrungsprofile sogar standardmäßig von ihren Kunden.

Jobbeschreibungen

Die wichtigste Bewerbungskunst ist es, Unpassendes wegzulassen und Wichtiges zu betonen. Am besten gelingt dies bei den Jobbeschreibungen. Einige Bewerber glauben, sie müssten hier genau das aufführen, was auch im Zeugnis steht. Dies ist nicht richtig. Sie sollten hier vielmehr erläutern, was Sie gemacht haben, damit der Leser daraus

Rückschlüsse ziehen und beispielsweise sagen kann: „Aha, das sind ja die gleichen Aufgaben wie bei uns" oder: „Aha, der hat ja richtig was geleistet".

Bei der Beschreibung der Position und Ihren Tätigkeiten sollten Sie Ihren Gestaltungsfreiraum nutzen. Wenn Sie zwischen 2003 und 2008 insgesamt 25 Kurzzeitjobs hatten, weil Sie sich nach dem Abitur erst einmal austoben mussten, so müssen Sie diese nicht bis ins Detail aufführen. Sie können stattdessen beispielsweise schreiben:

2003 – 2008 Verschiedene Tätigkeiten im Bereich Handel, Produktion, Marketing, verbunden mit Auslandsaufenthalten in den USA, in Spanien und Bulgarien.

Ob Sie 1965 oder 1971 geboren sind – daran können und sollten Sie nichts ändern, denn ein Lebenslauf soll (und muss!) ehrlich sein. Ihren Schul- und Berufsweg können Sie aber sehr wohl beeinflussen, ohne jemals die Fakten zu verdrehen.

Stellen Sie die Tätigkeiten heraus, die zur neuen Position passen. Wenn Sie im alten Job zwei verschiedene Bereiche betreut haben, für Ihre jetzige Bewerbung aber nur einer davon relevant ist, betonen Sie diesen einen und erwähnen den anderen nicht oder nur untergeordnet.

Sie sind auch nicht verpflichtet, den Titel auf Ihrer Visitenkarte in den Lebenslauf zu schreiben, wenn dieser sehr firmenindividuell oder nicht verständlich ist. Versuchen Sie Ihre Position so zu übersetzen, dass der neue Arbeitgeber versteht, was Sie gemacht haben. Wenn das mit einer Berufsbezeichnung nicht möglich ist, konzentrieren Sie sich auf die Beschreibung der Aufgaben.

KILIAN N. BREMMER
Dipl.-Kaufmann

LEBENSLAUF

PERSÖNLICHE DATEN

Geburtsdatum	13. August 1970
Geburtsort	Köln
Familienstand	verheiratet, zwei Kinder (4 Jahre und 12 Monate alt)
Kontakt	Klarastraße 12, 13134 Berlin, Mobil 01774444347

BERUFLICHES ZIEL

Vertriebsleiter Deutschland bei Ihnen, um den Marktanteil Ihrer Drucker deutlich zu erhöhen!

BERUFLICHER WERDEGANG

Seit 01/2002

Vertriebsleiter NRW
Notebook AG, München

VERANTWORTUNGSBEREICHE

- Gesamtwirtschaftliche Verantwortung für die Vertriebs-Standorte
- Disziplinarische Personalverantwortung für derzeit 8 Mitarbeiter
- Bericht an den Vertriebsleiter Deutschland

ERFOLGE u.a.:

- Verhandlung und Umsetzung von Rahmenvereinbarungen bis zu zwei Millionen Umsatz auf höchster Entscheidungsebene
- Erweiterung des Marktanteils von 20 (2002) auf heute 35 Prozent
- Konzeptionelle Erarbeitung und operative Umsetzung lokaler Vertriebskonzepte für den Handel, unter anderem das Programm „Notebooks billiger"

01/1999 bis 12/2002

Key Account Manager
Notebook AG, München

VERANTWORTUNGSBEREICHE

- Verantwortung für Top-Ten-Retailunternehmen in Deutschland
- Fachliche Führung der Vertriebsaußenorganisation
- Erstellung und Umsetzung von Marketing- und Vertriebsplänen

KILIAN N. BREMMER
Dipl.-Kaufmann

ERFOLGE u.a.:

- Gestaltung und Verhandlung nationaler und internationaler Verträge mit einem Budget von bis zu 500.000 Euro
- Gewinnung des Kunden Saturn Bayern als Vertriebspartner

| 12/1997 bis 11/1995 | **Account Manager** *Notebook AG, München* |

STUDIUM UND SCHULE

| 09/1990 bis 03/1995 | Studium der **Betriebswirtschaftslehre** (Vollzeit) *Universität Köln* |

- Schwerpunkt: Marketing und Controlling
- Abschluss: Diplom-Kaufmann

| 07/1990 bis 06/1991 | Zivildienst |
| 08/1982 bis 06/1991 | Gymnasium Velden |

- Abschluss Abitur

ZUSATZ-QUALIFIKATIONEN

| laufende Weiterbildungen | z.B. Führungslehrgänge mit den Schwerpunkten Team- und Konflikt-Management |

SPRACHEN

| Englisch | verhandlungssicher |

IT

| MS Office SAP/R3 SD/MM | Word, Excel, Access sowie Powerpoint sehr gut gute Kenntnisse |

INTERESSEN

Golf (Handicap +3)
Laufen (30 km/Woche)
Lesen (Wirtschaftsachbuch)

Erfolgsorientierter Lebenslauf einer Führungskraft, ganz einfach in PDF umgewandelt. Erfolgsorientierung ist sinnvoll für Absolventen, Vertriebler und Personen in Leitungsfunktion.

10 goldene Regeln für gute Lebensläufe

- Legen Sie zunächst die Rubriken fest: persönliche Daten, berufliches Ziel und so weiter.
- Entscheiden Sie sich für eine Gestaltung und Schrift, die zu Ihnen passt. So wirken Serifenschriften wie Times New Roman konservativ, serifenlose Schriften wie Arial, Tahoma oder Verdana moderner. Verdana gilt zudem als ideale Bildschirmschrift, eignet sich also besonders für E-Mail-Bewerbungen.

Bewerbung in Times New Roman
Bewerbung in Verdana
Bewerbung in Comic Sans
Bewerbung in Tahoma
Verschiedene Schriften drücken Verschiedenes aus.

- Machen Sie Ihren Lebenslauf unverwechselbar. Schreiben Sie Ihre Kontaktdaten auf jedes Blatt für den Fall, dass die Vita gedruckt wird und einzelne Seiten auseinandergeraten. Auch eine Linie an der Seite oder ein anderes grafisches Element, das die Wiedererkennbarkeit Ihrer Unterlagen erhöht, kommt gut an. Hier gilt allerdings: Weniger Design ist meist mehr – also lieber nur ein grafisches Element nutzen.
- Geben Sie jenen Daten das größte Gewicht, die für die angestrebte Position am interessantesten sind. Im Zweifelsfall ist Ihr letzter Job prädestiniert für die Topposition im Lebenslauf. Beschreiben Sie diesen deshalb ausführlicher als Positionen, die zehn Jahre zurückliegen.
- Beschreiben Sie pro Station drei bis sechs Kernaufgaben. Nennen Sie gegebenenfalls auch Spezialaufgaben und Sonderprojekte.
- Projekte beschreiben Sie entweder auf einem separaten Blatt oder in einer eigenen Rubrik. Wichtig bei der Projektbeschreibung: Wie groß war das Projekt? War es international? Welche Rolle hatten Sie?

▶

- Formulieren Sie als Führungskraft ergebnis- und leistungsorientiert. Sagen Sie also nicht nur, was Sie getan haben, sondern auch wie und mit welchem Erfolg und Ergebnis.
- Bei Führungskräften: Schreiben Sie, wie viele Mitarbeiter Sie geführt haben und an wen Sie selbst berichtet haben (also die jeweils nächsthöhere Hierarchiestufe), die Zahl Ihrer Mitarbeiter, ob Sie Prokura hatten oder nicht, ob Budgetverantwortung und wenn ja in welcher Höhe.

Das Foto

Ein Foto sollte nicht nur gut aussehen – viel wichtiger ist die richtige Ausstrahlung. Fotos gehören zu einer Bewerbung, auch wenn die Bedeutung des manchmal immer noch altertümlich „Lichtbild" genannten Bewerbungsteils umstritten ist. Eine psychologische Wirkung besitzen Bilder in jedem Fall. Deshalb sind moderne Bewerbungsfotos inzwischen meist keine Passfotos mehr, sondern vielmehr Porträtfotos, also Fotos, die Sie – Ihre Wesensart und Ihre Charakteristika – herausstellen. Ein Mensch mit einer positiven Ausstrahlung

Gutes Bewerbungsfoto!

kann so sehr viel gewinnen, auch wenn seine Qualifikationen vielleicht nicht die erste Wahl sind.

Die Investition in ein Profifoto (ab 50 Euro) lohnt sich deshalb. Sie können die Kosten dafür – wie sämtliche Bewerbungskosten – auch von der Steuer absetzen. Achten Sie allerdings darauf, dass der Fotograf „internetgerecht" an seine Aufgabe herangeht. Das bedeutet einerseits, dass er berücksichtigt, dass das Foto Sie auch in Daumennagelgröße noch gut wiedergeben muss. Das bedeutet andererseits, dass Sie das Recht erhalten müssen, das Foto im Internet zu verwenden – was sich aufgrund des Urheberrechtes nicht von selbst versteht. Sie sollten es zudem auch in digitaler Form erhalten.

In der E-Mail-Bewerbung speichern Sie das Foto im Lebenslauf oder auf dem Deckblatt. Dazu fügen Sie die Bilddatei Ihres Fotos einfach mit Ihrem Textverarbeitungsprogramm ein. Verändern Sie möglichst keine Proportionen. Sollte die vom Fotografen zur Verfügung gestellte Datei zu groß sein, wandeln Sie diese mit Hilfe eines Bildbearbeitungsprogramms um.

Gute Fotos	Schlechte Fotos
Kein oder nur ein sehr dezenter Hintergrund.	Opulenter und stark farbiger Hintergrund.
Ihr Gesicht steht im Vordergrund, kleine Anschnitte sind erlaubt.	Der ganze Körper oder ein größerer Ausschnitt wird gezeigt.
Sie schauen freundlich und sympathieerweckend.	Sie blicken ablehnend und schlecht gelaunt oder lachen zu stark.
Ihre Kleidung ist geschäftsmäßig – ein wenig besser, als Sie sich in Ihrem Umfeld sonst kleiden.	Freizeitkleidung, zu bunte Kleidung, Muster, großes Dekolleté, Klunker.
Sie sind wiedererkennbar.	Sie sehen so aus, dass alle später sagen: „Dich hätte ich auf dem Foto ja nicht erkannt."
Sie strahlen etwas aus, was man in Ihrem Job braucht, z.B. Durchsetzungskraft oder auch Kreativität.	Niemand würde Ihnen den Job zutrauen, den Sie ausüben, denn Sie wirken zu zart/dominant ... irgendwie unpassend.

Das Anschreiben

Warum will ich gerade diesen Job? Das auszudrücken, empfinden die meisten Bewerber als besonders knifflige Aufgabe. Und so brüten nicht wenige mehrere Stunden über ihren Unterlagen.

Das Anschreiben ist, wenn Sie es in eine PDF-Mappe integrieren, wie ein Normbrief gestaltet und sollte nicht länger als eine Seite sein. Um ein klein wenig aus dem Rahmen zu fallen, können Sie Ihre Adresse gestalten und als eine Art Logo einsetzen. Dies sollten Sie dann aber auf jeder Seite tun – auch auf dem Lebenslauf. Schriftart und Gestaltung von Anschreiben und Lebenslauf sollten einheitlich sein.

Wiederholen Sie in Ihrem Anschreiben nicht den Lebenslauf, sondern erklären Sie, warum Sie sich bei diesem Unternehmen und auf diese Stelle bewerben. Erläutern Sie Fähigkeiten und Berufserfahrungen, die besonders relevant für die Bewerbung sind. Zusätzlich sollten Sie auf die Anzeige antworten, also möglichst auf gewünschte und geforderte Anforderungen eingehen.

Schreiben sich dazu alle Anforderungen aus dem Inserat heraus. Welche sind besonders wichtig, welche zweitrangig? Holen Sie sich zusätzliche Informationen von der Unternehmenswebseite. Versuchen Sie bei sehr allgemein gehaltenen Inseraten über den eigenen Tellerrand hinauszudenken. Oft spiegelt ein Stelleninserat nur die dürftigen Informationen wieder, die die Personal- von der Fachabteilung erhalten hat.

Lässt die Anzeige zu viele Fragen offen, rufen Sie an. Dass Sie damit nerven könnten, ist kein Argument: Es ist Ihr legitimes Interesse, mehr zu erfahren, bevor Sie sich bewerben. Nicht nur Sie wollen etwas von dem Unternehmen, auch das Unternehmen von Ihnen. Lassen Sie sich deshalb nicht abwimmeln.

Schreiben Sie nicht einfach darauf los. Beantworten Sie sich zunächst selbst ein paar Fragen:

- Was erwartet das Unternehmen oder die Behörde von mir – sowohl in beruflicher als auch in persönlicher Hinsicht? Was verrät das Inserat, was die Homepage?
- Was kann ich meinerseits einbringen?
- Welches sind die Zielsetzungen der Firma?
- Wie kann ich all das in eine schlichte Formulierung stecken?

Verkaufsargumente

Das Wichtigste in Ihrem Anschreiben sind Ihre Verkaufsargumente. Was haben Sie, was Ihre Mitbewerber nicht haben? Sie sollten deshalb vor allem die Dinge beschreiben, die nicht selbstverständlich sind, beispielsweise einen Erfolg oder die Projekterfahrung im Ausland. Ordnen Sie Ihre Verkaufsargumente so, dass das wichtigste obenan steht. Vergleichen Sie Ihre Verkaufsargumente mit den Anforderungen. Formulieren Sie Ihr Anschreiben dann „drumherum".

Beispiel Finanzbuchhalter:

- mehr als fünf Jahre Berufserfahrung als Finanzbuchhalter
- 2009 Zertifizierung in IFRS
- Kenntnisse in HGB
- Branchenkenntnis Retail

Der Schreibstil

Wahrscheinlich haben auch Sie schon einmal eine E-Mail-Bewerbung gesehen, die auf eine Stelle in Ihrem Betrieb eingegangen ist. Waren

Sie nicht überrascht, wie viele peinliche Fehler die Bewerber machen? Bei E-Mails ist die Fehlerquote höher als bei klassischen Bewerbungen.

Das Medium verführt zu einer Laissez-faire-Haltung und zu Nachlässigkeit. Zudem wissen viele Menschen immer noch nicht, was eine E-Mail eigentlich ausmacht und wie diese aussehen sollte, damit das Gegenüber sie positiv wahrnimmt und öffnet.

Eine Bewerbung über das Internet ist zwar schnell geschrieben und kostet wenig. Sie ist aber nicht in jeder (Bewerbungs-) Situation angebracht. Denn auch wenn es noch so schön und praktisch ist: Das Internet setzt keine ungeschriebenen Regeln und Gesetze außer Kraft. Wenn Sie sich über das Internet bewerben, müssen Sie die gleiche Sorgfalt an den Tag legen, wie wenn Sie eine Postbewerbung verfassen. Sie dürfen weder virtuelle Kaffeeflecken hinterlassen noch mit übertriebener Kreativität nerven (etwa mit bunt gemusterten Hintergründen).

10 goldene Regeln für ein erfolgreiches E-Mail-Anschreiben
1. Drücken Sie Ihre Motivation dafür aus, sich gerade bei diesem Unternehmen eben für diese Stelle zu bewerben.
2. Gehen Sie auf die wichtigsten Anforderungen des Unternehmens ein.
3. Orientieren Sie sich am Stil des Adressaten, ohne Ihren eigenen zu verleugnen.
4. Verzichten Sie auf Standardfloskeln wie „Hiermit bewerbe ich mich". Die Quelle des Inserats bauen Sie in die Betreffzeile (ohne Betreff) ein.
5. Denken Sie beim Schreiben an den Empfänger. Was möchte der Empfänger über Sie wissen?

▶

6. Schreiben Sie nie mehr als eine Seite, es sei denn, Sie wollen bewusst einen Tabubruch begehen (als Kreativstrategie im Einzelfall sinnvoll).
7. Sprechen Sie den Verantwortlichen wenn möglich direkt namentlich an. Bei Behördenbewerbungen nutzen Sie lieber „Sehr geehrte Damen und Herren".
8. Kurze Sätze, wenig Verschachtelungen, keine Abkürzungen, klare Absätze, keine Füllwörter!
9. Sie sollten sich gut verkaufen, ohne Hymnen auf sich selbst zu singen. Der Mittelweg zwischen gesundem Selbstvertrauen und Arroganz ist nicht immer leicht zu finden. Versuchen Sie, sich in den Adressaten hineinzuversetzen. Beispiel: „Ich habe drei Jahre als Modeinspekteurin in Osteuropa eine qualitativ hochwertige Verarbeitung der Textilien sichergestellt" ist besser als „Ich besitze Branchenwissen."
10. Lassen Sie eine Bewerbung einen Tag liegen, um sie vor dem Wegschicken noch einmal zu lesen. Dann fallen Fehler eher auf, die Sie zuvor überlesen haben. Schön, wenn eine weitere Person Ihre Bewerbung liest, von der Sie eine ehrliche Meinung erwarten können. Selbstverständlich sollten Sie auch Schreibfehler suchen – die Rechtschreibkorrektur in Word übersieht einiges und reicht als Kontrollinstanz nicht aus.

Dritte Seiten

Manchmal ist es sinnvoll, noch etwas mehr zu sagen. Und manche Bewerber müssen sogar Dinge zum Ausdruck bringen, die in Anschreiben und Lebenslauf keinen Platz haben. IT-Spezialisten und Technikern etwa empfiehlt sich als dritte Seite ein Kenntnisprofil, das genaue Auskunft über ihre Kenntnisse und Erfahrungen gibt. Projektmanager sind gut beraten, eine Projektliste beizulegen. Journalisten können eine Publikationsliste und/oder Arbeitsproben beilegen. Wer lange freiberuflich tätig war, kann Referenzen einfügen. Ein anderer schreibt einfach auf einem Extrablatt etwas über sich selbst. Pauschale Empfehlungen gibt es nicht. In jedem Fall ist eine dritte Seite keine Pflicht. „Was Sie sonst noch über mich wissen sollten" gehört in aller Regel in das Anschreiben, eine Extraseite dafür ist meist überflüssig und teilweise sogar schädlich. Überlegen Sie: Was sollte der Arbeitgeber sonst noch über Sie wissen?

Deckblätter

Viele Bewerber denken, ein Deckblatt gehöre zu ihrer Bewerbung dazu. Dem ist allerdings nicht so. Es ist nach wie vor erlaubt, das Foto oben rechts im Lebenslauf anzubringen. Doch oft fügen sich Fotos einfach besser auf einem separaten Blatt ein. Besonders ansprechend wirkt das, wenn das Bild dabei mit Aussagen kombiniert wird und nicht nur mit dem Namen (siehe Beispiel auf Seite 94). In der PDF-Mappe ist das Deckblatt, wenn es denn dazukommt, die Seite vor dem Lebenslauf. Es gehört also hinter das Anschreiben.

Zeugnisse und weitere Anlagen

Benötige ich das Grundschulzeugnis? Jeden VHS-Nachweis? Nein! Erstens sind diese Zeugnisse für Ihre Bewerbung nicht relevant und zweitens würde damit Ihre E-Mail-Bewerbungsdatei viel zu groß. In die Unterlagen gehört nur der Nachweis des jeweils höchsten Ausbildungsabschlusses. Bei einem Akademiker wäre dies das Hochschulzeugnis und nicht mehr das Abitur. Nur im Einzelfall erwarten Firmen weitere Nachweise.

Sie müssen auch nicht jedes Wochenendseminar nachweisen. Verzichten Sie darauf, sämtliche VHS-Kurse von der Rückbildungsgymnastik bis zum Word-Einsteigerkurs in Ihre digitale Mappe zu integrieren.

Entscheiden Sie sich vielmehr für relevante Weiterbildungsnachweise, also jene, die wirklichen Aufschluss über Ihre beruflichen Qualifikationen geben.

Sortieren Sie die Unterlagen entsprechend dem Aufbau Ihres Lebenslaufs. Steht Ihr derzeitiger Job an erster Stelle, sollte auch das (Zwischen-)Zeugnis vorn liegen. Haben Sie gerade Ihr Studium beendet, gehört dies an die erste Stelle. Neben Zeugnissen bieten sich als weitere Anlagen Nachweise von Zusatzqualifikationen und Weiterbildungsmaßnahmen an. Die Kopien Ihrer Anlagen sollten professionell eingescannt sein. Dies ist leider nicht ganz so einfach, wenn Sie sich in diesem Metier nicht auskennen. Ich empfehlen Ihnen, dann ein Druck- und Kopierstudio aufzusuchen und sich die Unterlagen einscannen zu lassen. Dabei können Profis auch auf eine angemessene Bewerbungsgröße achten. Mehr als 2 bis 3 Megabyte sollte Ihre gesamte Bewerbung jedenfalls nicht groß sein. Sonst verärgern Sie damit Ihre Empfänger, weil die Bewerbung den PC zum Absturz bringen kann oder vom Mailserver des Empfängers blockiert wird.

Prüfen Sie Ihre Zeugnisse, bevor Sie diese verschicken. Ein Zeugnis kann Wegbereiter für Ihre Karriere sein – oder Stopper. Sie sollten Ihr Zeugnis deshalb auch dann sicherheitshalber von einem Profi gegenlesen lassen, wenn es sich beim ersten Lesen „gut" anhört. Meist sind Zeugnisse in einem Code geschrieben; hinter manch positiver Formulierung wie „war kontaktfreudig" steht nicht selten eine üble Andeutung (hier: war an Beziehungen zu Damen/Herren interessiert).

Oft bringen Arbeitgeber, mit Absicht oder – häufiger – ohne es zu wollen, doppeldeutige Formulierungen ein, die nur der Profi erkennt. Bedenken Sie, dass jedes Zeugnis Sie ein Berufsleben lang begleitet.

Seien Sie nicht nachlässig und lesen Sie zwischen den Zeilen. Auch wenn Sie im Zorn scheiden und den ehemaligen Arbeitgeber am liebsten nicht mehr sehen würden: Das Zeugnis schuldet er Ihnen.

In der heutigen Zeit sind viele Zeugnisse erstritten oder „gekauft" – etwa, wenn im Gegenzug ein Aufhebungsvertrag unterschrieben worden ist. Deshalb sinkt der Wert von Zeugnissen und Arbeitgeber glauben nicht mehr so ohne Weiteres, was schwarz auf weiß geschrieben steht. Hinzu kommen die vielen selbst geschriebenen Zeugnisse. Wer weiß da noch, was echt und was erlogen oder doch zumindest schöngefärbt ist?

Weil Zeugnisse immer weniger aussagen, geht der Trend hin zu mündlichen und schriftlichen Referenzen. Sie sollten solche Referenzen frühzeitig sammeln. Wer kann etwas Positives über Sie sagen und ist von Ihrer Arbeit überzeugt? Bitten Sie diese Person, ein persönliches Empfehlungsschreiben zu verfassen, das Sie Ihrer Bewerbung beilegen können.

Der Empfehlende sollte dabei in der Firmenhierarchie möglichst hoch stehen. Es muss sich aber nicht unbedingt um Ihren oder einen Vorgesetzten handeln. In Frage kommen auch ehemalige Professoren, Lehrer, Kunden, Auftraggeber, Personaler oder auch Menschen, mit denen Sie eng zusammengearbeitet haben. Diese Empfehler sprechen nicht notwendig für Ihr ehemaliges Unternehmen, sondern können dies auch für sich selbst tun – beispielsweise, wenn Sie zwischenzeitlich den Arbeitgeber gewechselt haben.

Eine weitere Möglichkeit liegt darin, mündliche Referenzgeber zu sammeln. Stellen Sie eine Liste mit höchstens fünf Menschen zusammen, die sich bereit erklärt haben, etwas Positives über Sie zu sagen. Das ist vor allem in der Schweiz und Österreich üblich, aber auch in Deutschland wirksam.

Zeugnisse und weitere Anlagen integrieren Sie in Ihre Bewerbungsmappe. Schicken Sie diese nicht einzeln mit, denn es ist für den Arbeitgeber aufwändig, die Dokumente einzeln zu verwalten.

Typische E-Mail-Fallen

Im Laufe der Jahre sind mir eine Reihe unglaublicher Bewerberfehler begegnet. Einen davon konnte ich einfach nicht fassen: Der Bewerber hatte eine Autoresponder-Mail (also eine E-Antwort, die automatisch losgeschickt wird, wenn eine Mail eingeht) kreiert, die jedes Mal, wenn in einer Nachricht die Wörter „vielen Dank", „keine adäquate" oder „Bewerbung" enthielt, herausgeschickt wurde. Darin stand:

„Lieber Personaler, an Absagen habe ich leider keinen weiteren Bedarf. Deshalb werden Sie mir Ihr Schreiben nicht zustellen können. Ich bitte um Ihr Verständnis."

Der Bewerber war frustriert, das ist verständlich – die Kriterien für den Filter indes waren völlig falsch gewählt. Auch Zusagen können den Begriff „Bewerbung" enthalten. Außerdem ist Absage nicht Absage. Manche sind schließlich mit der Aufforderung verbunden, sich auf andere Stellen zu bewerben.

Inhalt top, Eindruck flop? Bei einer E-Mail-Bewerbung kann das schnell passieren. Viele Bewerber machen schon bei der E-Mail-Adresse den ersten Fehler. Sie haben ihre Adresse per Zufall oder aus einer Laune ausgewählt oder vom Provider zugeteilt bekommen. So kommen dann Adressen wie Susi98@ oder Schlagmich@ zustande. Dass eine solche Adresse auf den Leser unprofessionell wirkt, ist vielen gar nicht bewusst.

Ein weiterer Fehler ist dann auch schnell gemacht: beim (fehlenden) Absender. Der Absender gehört zu jeder E-Mail dazu, er ist Ihre Visitenkarte. Wie soll ein Unternehmen mit Ihnen Kontakt aufnehmen, wenn nicht einmal eine Telefonnummer angegeben ist? Gut, man kann per E-Mail Kontakt aufnehmen, doch da kommt oft ein weiterer Fauxpax ins Spiel: Viele Bewerber nutzen Web-Accounts mit begrenztem Speicherplatz. Wird das elektronische Postfach nicht regelmäßig geleert, kann es passieren, dass das Unternehmen, das Ihnen gerade eine Einladung zustellen wollte, die Meldung erhält, Ihr Postfach sei voll.

Häufig und sehr unangenehm sind auch Serien-E-Mails, die ich auch ständig erhalte. Sie liefern mir im schlimmsten Fall gleich die E-Mail-Adressen weiterer Arbeitgeber mit, weil der Bewerber alle Adressen ins „CC:" kopiert hat (richtig wäre das „BCC:"). Viele dieser Bewerbungen beweisen, dass der Absender zuvor nicht einmal ins Internet geschaut und sich über den Arbeitgeber informiert hat. Dann jedenfalls sollte man in etwa erahnen, welche Art von Positionen ein Unternehmen anbietet.

Einmal habe ich mir erlaubt nachzufragen, was solche lieblosen und datenschutzfeindlichen E-Mails denn bezweckten. „Auf diese Weise", sagte ich, „kommen Sie niemals zu einem Job." Die Antwort erstaunte mich: „Mein Arbeitsamtberater verlangt, dass ich im Monat 30 Bewerbungen rausschicke. Das geht nur per E-Mail." So einfach ist. Und so leicht verbaut man sich Chancen. Solche Bewerber werden später behaupten, 300 Bewerbungen geschickt und nur Absagen erhalten zu haben.

Es gibt allerdings auch Fehler, an denen Bewerber kaum Schuld tragen. Beispielsweise filtern die immer feiner eingestellten Spamfilter gerade in den Unternehmen sehr viele Mails heraus. Meist liegt das an zu aufwändigen Formatierungen. Manche Spamfilter sind z. B. so eingestellt, dass sie Mails mit einer eingescannten Unterschrift (die Sie in Outlook mit wenigen Handgriffen erstellen können) abfangen. Auch Texte mit roter oder einfach farbiger Schrift werden gern vom Spamfilter aufgesogen. Dann kommen Ihre Mails gar nicht an – oft ohne Fehlermeldung.

Für das Erscheinungsbild einer E-Mail sind individuelle Einstellungen bei den Empfängern entscheidend, nicht ihre eigenen. Wenn diese Mails nur im Text-Format empfangen, kommt von Ihrer Formatierung nichts an. Deshalb sollten Texte nur ganz einfach aufgebaut sein. Verzichten Sie auf Grafiken, Farbe und die Nutzung von Tab-Stopps und Tabellen. Seien Sie auch vorsichtig mit sogenannten Sonderzeichen – dazu gehört das Euro-Zeichen, dass Sie durch „EUR" oder „Euro" ersetzen sollten. Abgesehen davon ist die Nennung der Gehaltsvorstellungen im PDF-Anschreiben sowieso besser aufgehoben. Manche Programme schlucken sogar Umlaute, also alle Äs, Üs und Ös. Dies ist allerdings selten; sie zu ersetzen wie noch vor zehn Jahren üblich wäre nicht mehr zeitgemäß.

Immer häufiger werden webbasiert versandte Mails von den Bewerbern auch versehentlich verschlüsselt. Das liegt an den Funktionen bei Anbietern wie Web.de oder Gmx, die die Nutzer leider oft nicht durchschauen. Ohne dass sie es wollen, landen beim Empfänger dann Mails mit einem Schlosssymbol, also verschlüsselt, die dieser nicht öffnen kann.

Überhaupt sollten Sie Mails nicht direkt aus der Website der Freemail-Anbieter verschicken. Dabei wird fast immer Werbung mitgeschickt, was in einer Bewerbung sehr seltsam anmutet. Sie können das umgehen, in dem Sie die Mails aus einem Mail-Programm wie Outlook oder Outlook Express verschicken.

Bevor Sie Ihre Bewerbung an das Unternehmen schicken, machen Sie bitte einen Test: Schauen Sie sich an, wie Ihre Mail bei drei Bekannten ankommt, die am besten unterschiedliche Systeme verwenden.

Typische E-Mail-Fallen

Falle	Was tun?
Attachment fehlt	Sie haben den Anhang vergessen. Prüfen Sie Mails mehrmals auf Vollständigkeit, bevor Sie sie verschicken.
Unseriöse E-Mail-Adresse	Professionelle E-Mail-Adresse anmelden, z.B. bei Googlemail, Web.de oder Gmx.
Unseriöser Absender	Richten Sie Ihr E-Mail-Konto so ein, dass Ihr richtiger Name als Absender erscheint und kein Spitzname oder Ähnliches (bei Outlook Express unter Benutzerinformation Name).
Hinweis auf private Website	Wenn Sie eine Mail mit Ihrer Website angeben, müssen Sie damit rechnen, dass man sich diese anschaut. Tun Sie das nur, wenn der Inhalt business-like und professionell ist.
Die von Ihnen gesendete Mail hat lauter Fragezeichen (was Sie nur sehen, wenn man Ihnen direkt darauf antwortet).	Es wurden Sonderzeichen wie das €-Zeichen ersetzt. Verzichten Sie auf Sonderzeichen.

Falle	Was tun?
Die Mail, die Sie gesendet haben, ist überhaupt nicht mehr oder ganz anders als gesendet formatiert.	Sie haben Tabstopps und Zeilenumbrüche genutzt – verzichten Sie darauf.
Ihre Bilder hängen als Anhang an der Mail.	Das ist eine individuelle Einstellung des Empfängers. Das beste Gegenmittel: Gar keine Bilder als Anhang verschicken. Bewerbungsfotos sollten im Lebenslauf gespeichert sein, Zeugnisse als PDF. So kann nichts passieren.
Die Betreffzeile wurde freigelassen.	Das sollte Ihnen auf gar keinen Fall passieren, denn so etwas wirkt extrem unprofessionell. Zudem werden Mails ohne Betreffzeile gern vom Spamfilter aufgesogen.
Ihr ganzer Text wird als HTML-Anhang geschickt. Der Empfänger sieht nur eine leere Mail.	Dies sind bestimmte Einstellungen bei E-Mail-Programmen, etwa der Mail von Yahoo. Testen Sie vor dem Versand unbedingt, wie Mails ankommen.
Es steht Werbung in Ihrer E-Mail.	Versenden Sie über ein Mail-Programm wie Outlook oder Outlook Express oder nutzen Sie eine Bezahl-E-Mail.

TIPP E-Mail-Anbieter

Ideal ist eine Adresse nach dem System vorname.nachname@ Prüfen Sie, bei welchem Anbieter Ihr Name noch frei ist.

Anbieter	Besonderheit
E-Mail.de	Premiumservice von web.de, z. B. unbegrenzter Speicher, werbefrei
Googlemail über www.googlemail.com	Werbung lässt sich über Google Customize entfernen
Gmx über www.gmx.de	kostenlos mit Werbung, viele Profi-Services ab 2,99 EUR/Monat ohne Werbung
Web.de über www.web.de	setzt z. B. auf hohen Spamschutz, mit Werbung unter jeder Mail
Yahoo.de über Yahoo.de	unbegrenztes Speichervolumen, keine Werbung.

Das Anschreiben als Anhang oder in der E-Mail senden?

Schicke ich das Anschreiben nun als Anhang und erste Seite in meiner PDF-Mappe oder im E-Mail-Text? Diese Frage ist nicht einheitlich zu beantworten. Unternehmen haben da ganz unterschiedliche Vorstellungen. Es hat sich deshalb ein Kompromiss bewährt. Sie schicken ein nach DIN-Norm und ins PDF-Format verwandeltes Anschreiben und setzen zusätzlich die Kurzform dieses Briefs in den eigentlichen E-Mail-Text. Hier weisen Sie zudem auf den Anhang hin.

Dieser Hinweis gehört dazu, damit schon die Mail Neugier weckt. Der E-Mail-Text ist so etwas wie der Appetizer: Er wird zuerst gesehen und ihm gilt so eine frühe Aufmerksamkeit. Er muss deshalb ansprechend formuliert sein und neugierig machen.

Setzen Sie, auch wenn Sie Ihre Kontaktdaten in der eigentlichen Bewerbung mitschicken, eine Signatur unter der E-Mail. Diese enthält

Ihre Kontaktdaten, also Namen, Anschrift, Telefonnummer und E-Mail-Adresse. Das Datum wird ohnehin mitgeliefert, Sie müssen es nicht schreiben.

Auf keinem Fall sollte die E-Mail selbst leer sein und nur einen Anhang enthalten. Leider passiert das sehr häufig. Auch unhöfliche Hinweise wie „siehe Anhang" sind tabu. Eine E-Mail, in der nichts oder nur ein solcher Satz steht, wird kaum jemand öffnen. Wahrscheinlich landet sie sogar im Spamfilter. Eine E-Mail enthält immer eine direkt Ansprache und stets eine Grußformel.

E-Mail-Knigge

Jeder weiß, dass man einen Brief mit „Sehr geehrter Herr Soundso" beginnt oder vielleicht auch mit „Hallo" oder „Lieber", möglicherweise auch mit „Guten Tag". E-Mails scheinen entweder alle Regeln auszuschalten oder mancher Verfasser hat noch nie einen Brief geschrieben.

Wie sonst kann es sein, dass in geschätzten 30 Prozent aller Mails die Begrüßung fehlt? Doch das ist längst nicht der einzige Fehler: Oft ist der Betreff einfach leer, nach freundlichen Grüßen folgt ein Komma (das im Deutschen einfach nicht dahingehört) oder die Signatur steht über statt unter dem Text. Oft wird auch auf Fragen meterweit unter dem Ursprungstext geantwortet (was dann der Empfänger gar nicht findet, denn soweit scrollt niemand) oder die Antwort erfolgt in grellem Rot.

Begrüßen

Schreiben Sie immer und ohne Ausnahme eine Begrüßung, auch bei jeder Antwort. Nutzen Sie dabei dieselbe Begrüßungsformel wie Ihr E-Mail-Partner. Erst wenn dieser seine Ansprache variiert, tun Sie das auch. Beispiel: Sie werden mit „Sehr geehrte(r)" angeschrieben. Antworten Sie ebenso. Reagieren Sie allerdings auch, wenn die Ansprache lockerer wird und Ihr Partner zu „Hallo" oder „Lieber …" wechselt. Nutzen Sie dann dieselbe Ansprache. Aber: Die Vorgaben dafür, was angebracht ist, macht Ihr Gesprächspartner. Wechselt dieser zu „Hallo" – was nach mehreren Mails durchaus angebracht ist –, so gehen Sie darauf ein. Es wirkt sehr steif, wenn Sie bei Ihrer Formel blieben.

Antworten

Mit der Bewerbungs-E-Mail allein ist es oft nicht getan. Wenn Sie per E-Mail zum Gespräch eingeladen werden, antworten Sie online. Auch Fragen sollten Sie per E-Mail beantworten. Per Mail vereinbaren Sie den Termin für das zweite Vorstellungsgespräch oder koordinieren das Datum für den Gesundheitscheck, der oft Einstellungsvoraussetzung ist. Dies gehört zum Bewerbungsprozess dazu – doch bei all dem sollten Sie sich an die Regeln halten:

- Schreiben Sie kurze Antworten auf E-Mails – z. B. Terminzusagen – über den Text des E-Mail-Partners.
- Sollen Sie auf mehrere Fragen antworten, so schreiben Sie oben eine Ansprache hin und setzen Ihre Antworten dann unter die Fragen Ihres E-Mail-Partners. Löschen Sie dabei Textteile, auf die Sie sich nicht direkt beziehen.
- Antworten Sie immer mit einer Ansprache (Sehr geehrter Herr …).
- Antworten Sie immer mit einer Grußformel (Mit besten Grüßen).

Greifen Sie dagegen zum Hörer, wenn etwas nicht ganz klar ist.

Betreff

Der aus Briefen bekannte Betreff ist bei E-Mails das „Subject". Wie in einem Brief sollte es aussagekräftig sein, damit der Empfänger die

Mail als lesewürdig wahrnimmt und diese auch sofort zuordnen kann. Da viele Mail-Programme eine Übersichtsliste der E-Mails mit begrenzter Länge darstellen, sollte sich der wichtigste Inhalt vor allem am Anfang des Subjects finden. Beispiel: „Bewerbung als Sachbearbeiterin Technik – Unser Gespräch von gestern". Wenn hier der zweite Teil nicht oder erst auf den zweiten Klick lesbar ist, macht das nichts.

Realname

Nichts ist schlimmer, als wenn der Empfänger zuerst einen Nickname sieht. Eine von „Potzblitz" abgesendete Bewerbung wirkt gleich unseriös. Manche Bewerber sind sich dessen leider überhaupt nicht bewusst. Einige wissen nicht einmal, wie die Mail beim Empfänger ankommt, weil Sie sich das Mail-Konto von Bekannten einrichten ließen. Der Realname ist der wirkliche Name des Absenders (also Vor- und Nachname). Er sollte auf jeden Fall in der From-/Absender-Zeile stehen, die der Empfänger sieht. Sie selbst sehen das leider, etwa bei Outlook Express, nicht beim Absenden. Wenn Sie wissen wollen, welcher Name dem Empfänger angezeigt wird, sollten sie sich das unter Extras/Konten/Eigenschaften ansehen. Sie finden es im Feld „Benutzerinformationen – Name".

Absätze

Auch in Mails empfiehlt sich eine Unterteilung in Absätze. Texte lesen sich besser, wenn sich das Auge an optischen Marken festhalten kann. Endlose Absätze sind einfach schlecht lesbar. Trennen Sie Absätze durch Leerzeilen. Der Text eines Bewerbungsschreiben sollte – neben der Anrede und der Grußformel – höchstens vier, besser drei Absätze haben.

Zeilenlänge und Umbrüche

Lange Zeilen zu lesen, macht müde. Eigene Texte sollten Sie auf etwa 70 Zeichen pro Zeile umbrechen (die meisten Mail-Programme machen das auf Wunsch automatisch, schauen Sie in Ihren E-Mail-Programmeinstellungen nach). Längere Zeilen sind schlecht lesbar. Ganz gefährlich ist die Silbentrennung in einer Mail – Finger weg! Ihre Trennung kommt beim Empfänger garantiert anders an. Wörter mittels Bindestrich zu trennen, ist unüblich und beim Umformatieren von Zitaten ausgesprochen lästig.

Format

Weniger ist Mail! Der Standard für E-Mails ist ASCII. Das ist alles, was man braucht, um einen englischen Text zu schreiben, es fehlen also insbesondere die Umlaute diverser Sprachen. Der nächste gängige Zeichensatz ist ISO-8859-1 (auch „latin1" genannt). Neuer ist ISO-8859-15, der sich von vorgenanntem durch das Euro-Zeichen unterscheidet. Erhalten Sie also eine Mail mit Fragezeichen, bedeutet dies, dass der Absender „nur" mit latin1 gesendet hat. Dieser Zeichensatz ersetzt das Euro-Zeichen nämlich durch das Fragezeichen. Damit Ihnen das nicht passiert, verwenden Sie bei der Angabe Ihrer Gehaltsvorstellungen in der E-Mail besser EUR oder Euro – oder erwähnen diese in Ihrer PDF-Bewerbung.

Vermeiden Sie auch Formatierungen. Einfacher Text mit einer nicht-proportionalen Schriftart (alle Zeichen sind gleich breit, etwa Courier) hat zwar sehr begrenzte Möglichkeiten, ist aber für E-Mails zweckmäßig. Nur mit einer nicht-proportionalen Schrift ist es möglich, Effekte wie Unterstreichungen oder Abstände so zu schreiben, dass alle sie lesen können. Sonst passiert es, dass sämtliche Formatierungen beim Empfänger verschwunden sind und der Text außerdem krumm und verrutscht aussieht. Stellen Sie Ihr Programm im Zweifel auf „Nur-Text" (Outlook) ein, nicht auf HTML.

Signaturen

Eine Signatur sollte maximal vier Zeilen lang sein und bitte unter dem Text stehen (nie darüber – leider machen das viele falsch). Zur Trennung vom Text fügt man vor der Signatur eine Zeile ein, die zwei Minus- und ein Leerzeichen (also „—"; in genau dieser Reihenfolge) und nichts anderes enthält. Mail-Programme können dann die Signatur automatisch abtrennen.

Zitieren

Das Zitieren der vorangegangenen Mail erfolgt durch Voranstellen des Größer-Zeichens an jedem Zeilenanfang. Das macht in der Regel das Mail-Programm automatisch. Wichtig ist dabei, dass die zitierten Zeilen nicht umbrochen werden. Wie viel sollte man zitieren? Die Antwort ist einfach: So viel, wie für das Verständnis der Antwort nützlich oder notwendig ist, so wenig wie möglich!

CC richtig nutzen

Bevor eine E-Mail versandt wird, sollte geprüft werden, inwieweit diese auch tatsächlich für alle Empfänger relevant ist. Welche Personen in welches Adressfeld geschrieben werden, ist oftmals nicht allen E-Mail-Nutzern klar. Zudem verführt das Medium dazu, mehr oder weniger wahllos alle möglichen Personen auf „CC" zu setzen. Im Bewerbungsprozess gibt es nur eine sinnvolle Anwendungsmöglichkeit für das „CC". Eine ist gegeben, wenn ein Geschäftsführer Sie zur Bewerbung an den Personalleiter aufgefordert hat.

Die Blind-Carbon-Copy-(BBC)-Zeile ist theoretisch für Serienbewerbungen geeignet, da man hier mehrere Empfänger auf einmal verstecken kann. Allerdings rate ich von Serienbewerbungen ab – schreiben Sie lieber wenige Bewerbungen, aber dafür passende.

DIN-Norm 5008 für PDF-Anschreiben

Wir wissen jetzt: verkürztes Anschreiben in den E-Mail-Text, ausführliches Schreiben als PDF in den Anhang. Dieses Anschreiben wiederum ist die erste Seite einer digitalen Bewerbungsmappe, die alle Dokumente in einer Datei speichert.

Nun kommt es darauf an, dieses PDF-Anschreiben professionell aufzubereiten. Immer wieder sehe ich Bewerbungen in einem völlig veralteten Stil. Da wird in Deutschland mit „Hochachtungsvoll" unterschrieben (in Österreich üblich!) oder mit „gez." für das ebenso inzwischen ungebräuchliche „gezeichnet" – sogar von jungen Menschen. Weitere Fehler sind Datumsangaben mit „den" oder Betreffs, die dieses Wort auch noch enthalten.

Seit 2005 gilt die DIN-Norm 5008 – was viele, darunter auch Arbeitgeber, noch nicht wissen. Möglicherweise verschicken Sie nach dem Lesen dieses Kapitels perfekte Anschreiben in Ihrer PDF-Bewerbung, während Arbeitgeber Sie mit DIN-Norm-Verstößen in Ihren Antworten überraschen. Machen Sie es lieber richtig, nicht nur wenn Sie im Office-Management arbeiten.

Perfekte Anrede

Soll ich den Dr. so titulieren oder ist das zu viel des Guten? Muss man den akademischen Abschluss benennen? Die DIN-Norm sagt ja, wobei meine Empfehlung lautet, dies branchenspezifisch und im Einzelfall zu beurteilen. Normen sind Empfehlungen und keine Gesetze. In der Werbebranche etwa wäre der „Dr." irritierend. Zudem ist bei Bewerbungen der akademische Titel oft nicht bekannt. Im Zweifel: weglassen. Jedenfalls gilt das für Deutschland. In Österreich werden Titel grundsätzlich genannt. Man schreibt also „Sehr geehrte Frau Mag. Hofert" – was bei uns sehr steif und unmodern wirken würde.

Berufs- und Amtsbezeichnungen (Rektor, Dekan) werden für gewöhnlich im Anschriftenfeld von Briefen und Briefköpfen rechts neben „Frau" und „Herrn" geschrieben, akademische Grade dagegen direkt vor den Namen, also eine Zeile tiefer als die Berufs- und Amtsbezeichnungen (Dipl. Psychologin Christina Meier oder Svenja Hofert M.A.). Da in der Empfängerbezeichnung nicht erkennbar ist, ob es sich bei „Professor" um eine Amtsbezeichnung oder eine akademische Würde handelt, regelt die DIN, dass „Prof." immer unmittelbar vor dem Namen steht – also auch für den Fall der Amtsbezeichnung. Es heißt dann: Prof. Harald Schmidt.

Kopfbereich

Im Kopfbereich befindet sich entweder Ihr selbst entwickeltes (dezentes!) Logo oder der Absender. Zu den Absenderangaben gehören alle Angaben, die für den Empfänger wichtig sind, um den Absender zu erreichen. So auch – insoweit vorhanden – Telefax, Mobiltelefon (Handy) und E-Mail. Ist eine Internetwebseite vorhanden, sollte diese ruhig auf dem Briefbogen angegeben werden, eventuell auch in der Fußzeile.

Was nicht geregelt ist, aber trotzdem sinnvoll: Schreiben Sie den Absender mit Vornamen. Vertun Sie sich nicht bei Namen, die männlich und weiblich sein können (Folke, Eike etc.) Im Zweifel lieber anrufen und nachfragen, ob es sich um Mann oder Frau handelt. Trennen Sie zusätzliche Angaben deutlich von Ihrer Postanschrift. Also eine Leerzeile Abstand lassen und dann erst Angaben wie den Werbeslogan einfügen.

Das Absenderfeld wird rund 1,8 Zentimeter vom oberen Rand (oder von ganz oben ausgehend fünfmal Enter drücken) geschrieben. Danach folgen zwei Leerzeilen. Die Anschrift enthält die Bestandteile Firma, Ansprechpartner, Straße, Postleitzahl und Stadt. Bei Bewerbungen ins Ausland gehört auch noch der Bestimmungsort dazu, der in Deutsch, Englisch oder Französisch unter die letzte Angabe geschrieben wird. Das Datum wird in der Zeile des Absenderortes bei etwa 2,5 Zentimeter vom oberen Rand geschrieben oder steht eine Zeile unter dem Absender. Der Absendeort (z. B. Hamburg) muss nicht dazu, er kann.

Der Betreff

Der Betreff sollte in Form einer stichwortartigen, kurzen und sinnvollen Inhaltsangabe erfolgen. Er beginnt drei bis vier Zeilen unterhalb der Adresse und endet ohne Punkt. Das Wort Betreff selbst wird NICHT geschrieben. Darunter bleiben zwei Zeilen frei. In Bewerbungen sollten Sie den Betreff möglichst konkret gestalten. Beziehen Sie sich auf das zuvor geführte Telefonat, auf die Anzeige oder auf beides. Ein Beispiel:

Bewerbung um die Position als Vertriebsdirektor — Ihre Ausschreibung Nr. 345-4344 auf www.personalberaterjobs.de, unser Gespräch von gestern

Der Text

Der Brieftext sollte empfängerbezogen und möglichst übersichtlich und verständlich sein. Bei wenig Text, also sehr prägnanten Schreiben, kann auf eine Eineinhalb-Schaltung umgestellt werden. Absätze werden durch eine Leerzeile getrennt. Das zwingt zur Kürze! Einrückungen in gleichmäßigen Abständen ermöglichen eine Gestaltung von übersichtlichen Texten. Vor und hinter den eingerückten Text gehört dann eine Leerzeile.

Eine interessante Empfehlung der DIN: Markieren Sie Signalwörter, z. B. fett, kursiv oder gesperrt. Das gibt dem Leser eine Benutzerführung und hilft, das Wesentliche schnell wahrzunehmen. Eine Erleichterung, die von den Personalern oft sehr geschätzt wird. Jedenfalls haben von mir betreute Bewerber häufig positives Feedback für diese Art der Gestaltung erhalten.

Grußformeln, Unterschrift und Anlagen

Als Grußformeln kommen verschiedene in Frage. Immer auf der sicheren Seite sind Sie mit „Mit freundlichen Grüßen". Weiterhin erlaubt sind:

- Freundliche Grüße
- Mit freundlichem Gruß
- Mit besten Grüßen
- Herzliche Grüße
- Mit herzlichen Grüßen
- Mit den besten Grüßen aus …
- Mit herzlichen Grüßen und den besten Wünschen
- Mit den besten Wünschen für ein schönes Wochenende

Sie merken schon: Die Grußformeln klingen unterschiedlich, manche etwas wärmer, andere ein bisschen cool, wie „mit besten Grüßen". Letzteres passt deshalb gut in die Werbe- und Marketingbranche. „Mit herzlichen Grüßen" ist in manchem sozialen Umfeld eine gute Wahl oder dann, wenn Sie sich bereits kennen oder schon mehrmals hin- und hergemailt haben. Die Floskel „Hochachtungsvoll" ist im Gegensatz zu der Aussage in „Wikipedia" dagegen in Deutschland genauso veraltet wie den letzten Satz in den Gruß zu ziehen (z.B.: „... und verbleibe mit besten Grüßen"). Der Anlagevermerk wird drei Zeilen unter den Gruß geschrieben. Ist unter dem Gruß nicht genug Platz, wird der Anlagevermerk neben den Gruß geschrieben. Dabei müssen Sie die einzelnen Anlagen nicht auflisten, es genügt der Hinweis darauf.

Wenn Sie Ihren Text beendet haben, halten Sie zwei Leerzeilen frei. Danach folgen Vorname oder Nachname und dazwischen Ihre Unterschrift. In den Fußbereich der Mail können weitere Angaben oder Zusätze zur Absenderadresse kommen, z.B. die Website, sofern diese in der Kopfzeile zu „mächtig" wirkt. Geben Sie als Bewerber nur dann eine Website an, wenn diese wirklich wichtige Zusatzinformationen erhält, also etwa Zeugnisse oder ein Video von Ihnen.

E-Mail-Regeln im Überblick

Bereich	Wichtig und richtig	Falsch
Absender	Alle Angaben, die für den Kontakt wichtig sind, gehören auch in die E-Mail.	E-Mail-Adressen mit Nummern oder Kosenamen
Anschrift	Absenderfeld in kleiner Schrift über der Anschrift, erst Firma, dann Name	privat/persönlich, wenn die Bewerbung an die Personalabteilung geht
Datum	amerikanisches Format (2009-21-3) oder 21. März 2009	Ortsangabe
Betreff	aussagekräftig, muss der Zuordnung helfen	Wort Betreff, aussagearm wie „Initiativbewerbung" (ohne weitere Aussagen)

Bereich	Wichtig und richtig	Falsch
Ansprache	„Sehr geehrter + Name" oder „Sehr geehrte Damen und Herren"	keine Ansprache, zu leger „Hallo"
Text	mit Abschnitten, Blocksatz oder linksbündig	rechtsbündig
Grußformel	„Mit freundlichen Grüßen" oder andere Variante	Komma hinter dem Gruß („Mit freundlichen Grüßen,")
Unterschrift	Vorname und Nachname	erster Buchstabe des Vor- und des Nachnamens oder nur der Nachname
Anlagen	einfach „Anlagen" schreiben, fetten oder unterstreichen	lange Liste von Anlagen

Beispiel: Komplette E-Mail-PDF-Bewerbung

Betreff: | Bewerbung als Kundenberaterin - Unser Gespräch von heute

Sehr geehrte Frau Peer,

herzlichen Dank für das freundliche Gespräch und die zahlreichen Informationen, die Sie mir darin gegeben haben.

Die Tätigkeit einer Kundenberaterin passt ideal zu meiner Persönlichkeit, meinem BWL-Studium und meinen bisherigen Erfahrungen. In rund zwei Jahren als Projektassistentin der Kommunikationsagentur The Big Agency in Stuttgart konnte ich viele Einblicke in die Agenturwelt gewinnen. The Big Agency ist beispielsweise Geschäftspartner der Agentur Grau München, arbeitet aber auch auf Etats für direkte Kunden wie BMA.

Ich bin für diese Kunden Ansprechpartner, koordiniere die Subunternehmer und bin zuständig für das Art-Buying. Da wir international ausgerichtet sind, setze ich mein sehr gutes Englisch täglich ein. Ich beweise dabei stets auch die Fähigkeit, Termine und Budgets im Blick und fest im Griff zu halten. Kaufmännische Aufgaben, z.B. das Erstellen von Angeboten, kommen hinzu.

Neugierig auf mehr? In meiner Bewerbungsmappe habe ich Ihnen Anschreiben, Lebenslauf und Zeugnisse zusammen gestellt. Ich freue mich, schon bald von Ihnen zu hören.

Mit besten Grüßen nach Hannover

Karolina Tuchmüller

--
KAROLINA TUCHMÜLLER |
Akazienweg 23| 75555 Stuttgart
Tel 07165-123 123 | mob 0190-123 123
E-Mail: k.tuchmueller@t-online.de

Die E-Mail, die die PDF-Mappe als Anhang enthält.

KAROLINA **TUCHMÜLLER**

Akazienweg 23 | 75555 Stuttgart | Tel.: 07165 / 123 123 | mobil 0190/123 123 123 |

k.tuchmueller@t-online.de

Werbeleute GmbH
Personalabteilung
Hanna Peer
Alte Straße 4
30777 Hannover

04.03.2009

Bewerbung als Kundenberaterin – Unser Gespräch von heute

Sehr geehrte Frau Peer,

herzlichen Dank für das freundliche Gespräch und die zahlreichen Informationen, die Sie mir darin gegeben haben.

Die Tätigkeit einer Kundenberaterin passt ideal zu meiner Persönlichkeit, meinem BWL-Studium und meinen bisherigen Erfahrungen. In rund zwei Jahren als Projektassistentin der Kommunikationsagentur *The Big Agency* in Stuttgart konnte ich viele Einblicke in die Agenturwelt gewinnen. *The Big Agency* ist beispielsweise Geschäftspartner der Agentur Grau München, arbeitet aber auch auf Etats für direkte Kunden wie BMA.

Ich bin für diese Kunden Ansprechpartner, koordiniere die Subunternehmer und bin zuständig für das Art-Buying. Da wir international ausgerichtet sind, setze ich mein sehr gutes Englisch täglich ein. Ich beweise dabei stets auch die Fähigkeit, Termine und Budgets im Blick und fest im Griff zu halten. Kaufmännische Aufgaben, z.B. das Erstellen von Angeboten, kommen hinzu.

Kunden stehen im Mittelpunkt meiner Arbeit. Ich kann Auftraggeber überzeugen und Kreative dazu bringen, Termine einzuhalten. Selbst unter Stress bleibe ich freundlich. Eine weitere Fähigkeit liegt darin, unvoreingenommen und gewinnend auf Menschen zuzugehen. Meine Begeisterung für Marken, schöne Dinge und gute Werbung spiegelt sich im Thema meiner Diplomarbeit, in der ich mich mit der Entwicklung der Marke *Commata* beschäftigte.

Meine derzeitige Position wurde mir aufgrund guter Leistungen im Praktikum angeboten, worauf ich stolz und wofür ich dankbar bin. Doch jetzt möchte ich den nächsten Schritt tun und in einer größeren Agentur die volle Kundenverantwortung übernehmen – gern bei Ihnen. Auf ein Gespräch freue ich mich und danke jetzt schon für eine vertrauliche Behandlung meiner Bewerbung aus ungekündigter Stellung!

Mit besten Grüßen nach Hannover

Karolina Tuchmüller

Karolina Tuchmüller

Anlagen

Die erste Seite in der PDF-Mappe ist das Anschreiben.

KAROLINA **TUCHMÜLLER**
Akazienweg 23 | 75555 Stuttgart | Tel.: 07165 / 123 123 | mobil 0190/123 123 123 |
k.tuchmueller@t-online.de

AUF EINEN BLICK

Was ich mag?
Schöne Dinge und Marken wie ESPRIT und MEXX, ein sympathisches Team.

Welche Bereiche mich interessieren?
Kundenberatung – denn ich habe gern mit Menschen zu tun!

Was ich mitbringe?
Ein Studium der Betriebswirtschaft mit zwei Jahren Berufspraxis in einer Agentur +
viel Freude am Umgang mit Kunden + 1a-Organisationstalent.

Die zweite Seite kann ein Deckblatt mit Foto und weiteren Informationen sein.
Danach folgt der Lebenslauf.

KAROLINA **TUCHMÜLLER**

Akazienweg 23 | 75555 Stuttgart | Tel.: 07165 / 123 123 | mobil 0190/123 123 123 |
k.tuchmueller@t-online.de

Lebenslauf

PERSÖNLICHES

 ▸ Geboren 11.08.1980 in Stuttgart
 ▸ Staatsangehörigkeit deutsch

BERUFSPRAXIS

seit 01.2007

Projektassistentin
Bei The Big Agency, Stuttgart

Aufgabenschwerpunkte:
 ▸ Kommunikation mit Auftraggebern und Subunternehmern wie Fotografen, Webdesignern und Textern
 ▸ Art-Buying über die Begleitung von Fotoshootings
 ▸ kaufmännische Projektabwicklung

Übernahme nach einem sechsmonatigen Praktikum aufgrund sehr guter Leistungen.

STUDIUM + AUSBILDUNG

03.2001 - 03.2006

Studium der Betriebswirtschaft an der Fachhochschule Stuttgart

Studienschwerpunkte:
 ▸ Marketing, Kommunikation, Personalmanagement

Thema Diplomarbeit:
 ▸ *Die Marketingstrategie der Textilmarke Commata Moden GmbH*

Abschluss: Diplom-Betriebswirtin (FH), Note 2,6

ein Semester Modedesign an der Fachhochschule München

10.1999 – 03.2000

1998 Abitur am Wirtschaftsgymnasium in Stuttgart

Die erste Seite des Lebenslaufes.

KAROLINA **TUCHMÜLLER**

Akazienweg 23 | 75555 Stuttgart | Tel.: 07165 / 123 123 | mobil 0190/123 123 123 |

k.tuchmueller@t-online.de

PRAKTIKA

09.2006 – 12.2006	Praktikum bei **The Big Agency**, Stuttgart
	Aufgabenschwerpunkte:
	▸ Unterstützung der Projektassistenz bei der Projektabwicklung
05.2003 – 08.2003	Praktikum bei der Agentur **Werbedschungel**, Stuttgart
	Aufgaben:
	▸ Unterstützung des Projektleiters bei der Konzeption und Realisierung von Kundenprojekten im Bereich Werbung und Internet
	▸ Erstellung und Auswertung einer Umfrage zum Thema Kundenzufriedenheit
05.2000 – 02.2001	Praktikum in der Finanzabteilung bei **Moden Wolters GmbH**, Stuttgart

WEITERE KENNTNISSE

COMPUTER	▸ MS-Office: Word, Excel, Powerpoint sehr gut
SPRACHEN	▸ Englisch konversationssicher
	▸ Spanisch, Französisch Grundkenntnisse

Stuttgart, 04.03.2009

Die zweite Seite – hier können Sie auf Wunsch eine digitale Unterschrift unter Datum und Ort setzen.

Richtig mailen

Wie sich die Zeiten ändern: Während vor wenigen Jahren Einladungen zu Vorstellungsgesprächen noch per Post oder am Telefon ausgesprochen wurden, wird inzwischen überwiegend per E-Mail eingeladen. Peinlich, wenn Sie das Postfach überquellen lassen oder nur einmal in der Woche nach neuer Post schauen!

Und nicht nur die Bewerbungspost mit den anhängenden Dokumenten sollte professionell aussehen, auch die Antworten auf elektronisch versendete Einladungen sollten E-Mail-gerecht verfasst sein. Beim Mailen gilt es einiges zu beachten. Das fängt schon beim Senden an den richtigen Empfänger an – denn auch hier lauern Fallen.

Der Empfänger

Senden Sie die E-Mail möglichst an eine persönliche Namensadresse, nicht an eine anonyme Sammelstelle wie personal@ oder info@. So kann es geschehen, dass Ihre Mail beim eigentlichen Ansprechpartner gar nicht ankommt, sondern schon vorher aussortiert wird. Das kann Ihnen natürlich auch bei Postbewerbungen passieren; selbst wenn der Name des Verantwortlichen auf Ihrer Bewerbung steht, muss diese nicht direkt bei ihm auf dem Schreibtisch landen.

Sprechen Sie die Empfängerin direkt mit „Sehr geehrte Frau Müller" an und vermeiden Sie nach Möglichkeit ein „Sehr geehrte Damen und Herren" – es sei denn, Sie richten sich an ein Gremium, wie es im öffentlichen Dienst häufig vorkommt. Manche – zumeist größere – Firmen möchten allerdings ausdrücklich keinen Ansprechpartner nennen, weil verschiedene Sachbearbeiter Zugriff auf die Bewerbungen haben. Das müssen Sie dann akzeptieren, das Bohren nach einem Namen ist kontraproduktiv.

E-Mail-Postfächer, vor allem die allgemeinen, entpuppen sich aber in der Praxis häufig als Bermuda-Dreieck. Ein einziger Klick auf „Löschen" – und Ihre gesamte Bewerbung ist vernichtet; bei schriftlichen Unterlagen ist das nicht ganz so einfach. Ob Ihre Bewerbungs-Mail wirklich angekommen ist, wissen Sie mit Sicherheit erst, wenn Sie es schwarz auf weiß haben. Fragen Sie deshalb nach, wenn Sie nach einer Woche immer noch nichts gehört haben. Eine automatisch generierte E-Mail, wie viele Unternehmen sie versenden, garantiert immerhin, dass Ihre Mail angekommen ist.

Häufige Fehlerquellen sind falsch geschriebene Namen und unbemerkte Mail-Deliveries. Ein Mail-Delivery ist die Meldung Ihres E-Mail-Programms, die anzeigt, dass Ihre Post nicht zugestellt werden konnte. Achten Sie auf solche Nachrichten!

Die Betreffzeile

Das Erste, was Ihr Empfänger sieht, ist Ihre Betreffzeile. Diese sollte immer ausgefüllt sein und einen sachbezogenen Inhalt haben. Lassen Sie den Betreff offen, landet Ihre Mail mit großer Wahrscheinlichkeit in einem Spam-Filter – oder Sie haben zumindest schon einen ersten schlechten Eindruck gemacht. Schreiben Sie etwas zu Werbliches oder Abstraktes, ist Ihr E-Brief nicht als das zu identifizieren, was er ist: als Bewerbung. Dann kann die Mail auch im Spam-Filter enden – oder aber nach einem Klick auf Löschen im Papierkorb.

Beispiele:
- „Bewerbung als Office-Managerin"
- „Bewerbung als Maschinenbauingenieur – unser heutiges Telefongespräch"
- „Ihre Stellenanzeige in der Jobbörse Monster vom 14.3.2009"

E-Mail-Programme können ganz individuell eingestellt sein. Zu lange Betreffzeilen werden auf den ersten Blick oft nicht komplett wahrgenommen. Deshalb sollte am Anfang ein Begriff stehen, der eine klare Zuordnung ermöglicht – wie das Wort „Bewerbung". Es erleichtert auch dem Unternehmen die Zuordnung in Postfächer. Vielfach werden E-Mails mit bestimmten Stichwörtern wie „Bewerbung" und der Anzeigennummer in Ordnern gesammelt, wo diese systematisch bearbeitet werden können. Seien Sie hier also nicht allzu kreativ beim Formulieren Ihres Betreffs – jedenfalls nicht in der E-Mail.

Der Absendername

Gemeinsam mit Ihrer Betreffzeile wird auch das mitgeliefert, was Sie dem E-Mail-Programm als Ihre Identität mitgeteilt haben. Das sollte Ihr Vorname und Ihr Nachname sein, auf keinen Fall ein „Nickname", also ein Spitzname.

Ihre E-Mail-Adresse sieht der Empfänger anders als den Absendernamen nur, wenn er auf „Antworten" klickt oder aber beim Blick in die Signatur. Martina.Meier@gmx.de wirkt deutlich seriöser als martinam@gmx.de. Falls Sie eine privat klingende Adresse besitzen, legen Sie sich eine Zweit-E-Mail für Bewerbungen und offiziellen Briefverkehr zu.

Achten Sie zudem darauf, dass Sie auch einen richtigen Absender angeben. Dies ist das, was das Gegenüber von Ihrer E-Mail als Erstes sieht, also am besten Vorname Nachname. Sie legen das als den Benutzernamen bei der Einrichtung Ihres E-Mail-Kontos fest.

Signatur

Sie möchten doch, dass Ihr Gegenüber schnell mit Ihnen in Kontakt tritt? Dann liefern Sie auch alle Daten, die dafür nötig sind, in der

E-Mail mit. Eine Signatur beginnt mit Ihrem Namen, der Telefonnummer und endet bei E-Mail-Adresse und eventuell Webseite. Auch die Angabe der Postadresse empfiehlt sich. Dadurch kann der Empfänger sofort sehen, woher Sie kommen, und Sie auch örtlich einordnen.

Verzichten Sie auf Spielereien wie angehängte Visitenkarten, die beispielsweise Outlook anbietet. Diese können nicht von jedem gelesen werden und nerven nur. Tabu sind auch eingescannte Logos. Weniger ist auch hier mehr.

Anhang

In vielen traditionellen Stellenanzeigen steht auch heute immer noch: „Bitte senden Sie Ihre vollständigen Unterlagen inklusive Lichtbild an …" Gemeint sind damit Unterlagen mit allen Zeugnissen. Eine E-Mail-Bewerbung kann das nur bei Berufsanfängern leisten, später werden es einfach zu viele Dokumente, die verschickt werden müssten. Ich empfehle daher, eine sinnvolle Auswahl zu treffen, beispielsweise das letzte Ausbildungszeugnis und die Arbeitszeugnisse der letzten zehn Jahre zu versenden. Sie können dann darauf hinweisen, dass Sie auf Wunsch gern weitere Unterlagen schicken.

Auch sollte das „Lichtbild" auf keinen Fall einzeln mitgeschickt, sondern immer nur im Lebenslauf gespeichert versendet werden.

Als Format für den Anhang hat sich PDF durchgesetzt. Nutzen Sie eine einzige Datei, die alle Dokumente speichert. Nur in Ausnahmefällen und nach persönlicher Rücksprache mit dem Empfänger Ihrer Dokumente sollten Sie gepackte Dateien (zip) senden. Word- und Excel-Dateien sind tabu.

PDF-Dateien richtig erstellen

Um selbst professionell wirkende PDF-Dateien zu erstellen, benötigen Sie ein entsprechendes Programm. Die High-End-Lösung bietet das Programm „Acrobat" von Adobe, das rund 300 Euro kostet. Damit wandeln Sie Ihre Word-Dateien (und andere) per Mausklick in das PDF-Format um. Es geht aber auch wesentlich günstiger. So können Sie beispielsweise ältere, aber nicht minder funktionstüchtige Versionen von Acrobat – z.B. Acrobat 5 – im Auktionshaus Ebay (www.ebay.de) zum günstigen Preis ersteigern.

Darüber hinaus existieren zahlreiche andere Programme, die ebenfalls PDF-Dateien erzeugen. Einige davon sind in der Lage, alle Dokumente in eine Datei zu kopieren, z.B. www.pdffree.de. Dies ist auch möglich mit der Software OpenOffice, die einen PDF-Export enthält. OpenOffice ist ein sogenanntes OpenSource-Programm, das Sie sich kostenlos von der Website herunterladen können (http://de.openoffice.org). Es ist annähernd so leistungsstark wie Word. PDF-Programme klinken sich in der Regel als Druckertreiber ein. Sie nutzen sie also, indem Sie die Taste „Druck" betätigen und einen Drucker auswählen.

Manchmal gibt es bei den preiswerten oder kostenlos erhältlichen PDF-Programmen Probleme mit der Umwandlung grafischer Zeichen. So kann es sein, dass Punkte in Dollarzeichen oder Quadrate in Fragezeichen verwandelt werden. Testen Sie Ihre Datei deshalb unbedingt, bevor Sie diese verschicken.

Eine informative Anlaufstelle zum Thema ist www.pdfdrucker.de. Die Seite hat sich zum Ziel gesetzt, zu beweisen, dass PDF-Erstellen nicht teuer sein muss. Meist bieten PDF-Alternativprogramme kostenlose Testversionen, die Software ist in der Regel ab etwa 30 Euro erhältlich.

Beispiele für PDF-Programme:

- www.pdffree.de
- www.win2pdf.com (englisch)
- www.pdfcreator.de
- www.pdffactory.com (englisch)
- www.pdfmachine.de
- www.dopdf.de

Die wichtigsten 7 Tipps für erfolgreiche E-Mail-Bewerbungen

1. Senden Sie eine PDF-Datei mit allen Dokumenten. Erstes Dokument ist das Anschreiben, es folgen Lebenslauf und Zeugnisse.
2. Die gesamten Dokumente sollten nicht größer als 2 bis 3 Megabyte sein (Testen: rechte Maustaste und „Eigenschaften" anzeigen).
3. Verzichten Sie auf Formatierungen (im Zweifel „Nur-Text" statt HTML im E-Mail-Programm wählen). Vorsicht mit Schriften: Eine Schrift, die der Empfänger nicht ebenfalls auf seinem Computer hat, wird ihm nicht angezeigt. Wählen Sie Standardschriften.
4. Speichern Sie das Foto im Lebenslauf, nicht auf einer separaten Seite.
5. Wählen Sie eine aussagekräftige Betreffzeile mit dem Wort „Bewerbung" an erster Stelle.
6. Senden Sie eine Kurzfassung des Anschreibens als Text in der Mail.
7. Schicken Sie Ihre Mail immer mit Signatur unter der Mail. Diese enthält Vor- und Zunamen, Telefonnummer, Anschrift und E-Mail-Adresse.

Die eigene Bewerbungswebsite

„Weitere Zeugnisse und einige Referenzen finden Sie auf meiner Website" – so oder ähnlich könnte es im Text Ihres E-Mail-Anschreibens stehen. Es folgt ein Link. Der Personaler klickt und kann sich dann auf Ihrer Website umschauen.

Das ist komfortabel, aber für die meisten Bewerber lohnt sich der Aufbau einer grafisch gestalteten Bewerbungswebseite nicht. Sie spielt im Bewerbungsprozess eine untergeordnete Rolle, außer Sie sind Freiberufler oder/und Webdesigner. Auch Festangestellte, die sich üblicherweise mit Arbeitsproben bewerben (Journalisten, Architekten, Grafiker, Wissenschaftler etc.) können von einer eigenen Website profitieren.

Doch auch in solchen Fällen kann eine Webseite eine Bewerbung nicht ersetzen, sondern diese lediglich ergänzen. Weisen Sie in der Bewerbung auf die Homepage im Netz hin. Erwähnen Sie, dass sich dort weitere Arbeitsproben oder eventuell Zeugnisse befinden. Bei der E-Mail-Bewerbung binden Sie diesen Hinweis am besten direkt in das E-Mail-Anschreiben ein, das Sie in den Text der Mail setzen.

Die Ansprüche an einen professionellen Auftritt sind heute hoch. Der normale Durchschnittsbewerber schafft es mit seinen eigenen Kenntnissen kaum, eine optisch und inhaltlich passable Website zu stricken. Für die Bewerbung das Webseitenprogrammieren zu lernen, ist unnötig. Längst gibt es Baukastensysteme, die per Klick zur gut aussehenden Website führen. Bevor Sie sich die Mühe machen, sollten Sie jedoch zwischen Aufwand, Kosten und Nutzen abwägen. Eine Website weckt vielleicht Neugier, doch was dort zu sehen ist, kann meiner Erfahrung nach auch zu Absagen führen und den gewünschten Effekt verfehlen. Die Info über die heimischen Katzen etwa schadet mehr, als dass sie nützt, und auch das Urlaubsfoto mit Ihrer Frau auf den Malediven empfinden viele als zu privat. Ganz zu schweigen von persönlichen Statements und Meinungen zur hohen oder niederen Politik. Wenn also eine Website, dann bitte business-like. Und besser ganz schlicht als mit zu viel semiprofessionellem Design.

Betonen Sie das Praktische. Praktisch ist eine Website mit weiteren Dokumenten wie Zeugnissen, Arbeitsproben und Referenzen. Die können Sie auch auf einer Webseite hinterlegen, ohne dass Sie drumherum gleich eine komplette Webpräsenz bauen und gestalten müssen. Die Dateien werden dann einfach über einen Link in einer E-Mail oder über die Direkteingabe einer Webadresse aufgerufen.

Dadurch können Sie sich in Ihrer Online-Formularbewerbung oder im E-Mail-PDF auf einige zentrale Dokumente beschränken und einen Verweis auf die ausführliche Version anbringen. Achten Sie dann allerdings darauf, dass sich die Dokumente per Klick öffnen lassen. Und bitte machen Sie es nicht zu kompliziert. Mit Passwörtern für Ihre Bewerbung wird der Personaler ungern agieren wollen.

In Ihrer Bewerbung geben Sie dann den jeweiligen Pfad (Link) an, z. B. www.marius-mueller.de/bewerbung/zeugnis.pdf. Achten Sie darauf, dass dieser Link funktioniert und nicht etwa ins Leere führt (vor der offiziellen Nennung in der Bewerbung unbedingt ausprobieren!). Unter Ihrem Domain-Namen muss dann kein Inhalt abgespeichert sein. Der positive Nebeneffekt dieser Bewerbungswebsitevariante: Unbefugte können nur auf Ihre Unterlagen zugreifen, wenn sie den Pfad kennen.

Video im Web

Eine weitere Möglichkeit liegt darin, ein Video auf Ihrer Website zu platzieren. Sie geben dann in Ihrer E-Mail- oder in der Online-Formularbewerbung den Pfad zu diesem Video an. Dies ist ein neuer Trend, der noch recht wenig genutzt wird. In den USA sind Videobewerbungen viel verbreiteter als bei uns und werden vor allem auch von Absolventen begeistert genutzt. Ohne Frage wird dieser Trend auch zu uns kommen. Allerdings sollten Sie sich bei der Entscheidung für oder gegen Video auch hier die Frage des Mehrwerts stellen. Dieser ist vor allem dann gegeben, wenn ein Video unterstreicht, wie gut Sie „live" wirken, was etwa im Verkauf von Vorteil ist.

Deshalb sollte das Video entsprechend professionell aufgenommen sein und Sie wirklich in einem guten Licht zeigen. Dann ist der Überraschungseffekt ohne jede Frage groß. Eine Umfrage für mein Buch *Bewerben im Web* 2.0 (Eichborn-Verlag) hat gezeigt, dass viele Unternehmen eine Videobewerbung begrüßen – vor allem, wenn diese einfach im Internet aufrufbar ist. Weniger günstig ist es, CDs zu verschicken. Viele Unternehmen haben gar keine CD-Laufwerke mehr und könnten sich die Bewerbungsvideos gar nicht ansehen. Außerdem ist es viel leichter, auf einen Link zu klicken, als eine CD auszupacken und einzulegen.

Bewerbungsvideos können Sie heute in vielen Fotostudios erstellen lassen. Darüber hinaus gibt es spezialisierte Anbieter wie in Hamburg www.stellensiesichvor.de. Noch kaum durchsetzen konnten sich dagegen Angebote wie www.cvone.de. Um diese Angebote zu nutzen, brauchen Sie keine eigene Website. Die Software von CVone hilft, Videos mit einer Webcam zu erstellen und diese in eine digitale Bewerbungsmappe einzubinden. Die vorgestellten Beispiele allerdings beweisen, dass sowohl Anbieter als auch Bewerber noch an ihrer Professionalität arbeiten müssen. Das heißt: Das Video sollte möglichst authentisch zeigen, was Sie für ein Mensch sind, wie Sie auftreten und wirken.

7 Tipps für Bewerbungswebseiten

1. Ideal ist die Website als Speicher für weiterführende Dokumente wie Zeugnisse oder auch Arbeitsproben.
2. Der Domain-Name sollte keine Schlüsse auf Privates zulassen, sondern am besten Ihr Vor- und Nachname sein.
3. Nur Business, keine Privatvorstellungen, bitte.
4. Die grafische Gestaltung sollte dezent sein und zu Ihrem Beruf und der angestrebten Branche passen.
5. Hinterlegte Dokumente sollten klein und sparsam abgespeichert sein, damit sie sich schnell laden lassen, am besten nur wenige Kilobyte groß, maximal ein Megabyte pro Dokument
6. Ein Impressum mit Telefonnummer und E-Mail-Adresse gehört zu einer Website dazu.
7. Testen Sie Ihre Website auf unterschiedlichen Computern. Es wäre peinlich, wenn Links nicht funktionieren oder Bilder nicht angezeigt würden.

Die Online-Formularbewerbung

Formulare verlangen viel Form und lassen wenig Freiraum. Sie als Bewerber müssen vorgefertigte Felder beschreiben, Kästchen ankreuzen und zwischen verschiedenen Möglichkeiten – etwa „Englisch Grundkenntnisse" oder „Englisch verhandlungssicher" – wählen. Aus diesem Grund mag kaum jemand diese Art der Bewerbung. Dennoch hat sich die Online-Formularbewerbung bei den großen Unternehmen auf breiter Front durchgesetzt. Sie erfolgt direkt über die Website eines Unternehmens. Dafür loggen Sie sich meist zunächst einmal ein und beantragen ein Passwort. Dann füllen Sie verschiedene vorgegebene Felder aus. Nachdem Sie Ihre Daten eingegeben und Angaben zu Ausbildung und Berufserfahrung gemacht haben, laden Sie Lebenslauf und Zeugnisse hoch. Fehlt etwas, erhalten Sie eine E-Mail mit der Aufforderung, die Unterlage nachzureichen.

Für die Unternehmen ist dieses E-Recruiting effizient und kostengünstig. Bewerberauswahl, Versand von Eingangsbestätigungen, Weiterleitungen an die Fachabteilung, Einladungen: All das kann automatisch von der Software gesteuert werden.

So beliebt diese Bewerbungsform bei Arbeitgebern ist, so unbeliebt ist sie bei Bewerbern. Der persönliche Aspekt kommt bei den vorgefertigten Formularen zu kurz, eine Selbstpräsentation ist kaum noch möglich. Die Online-Formulare fördern zudem Lücken gnadenlos zutage. Ein schlechter Notendurchschnitt lässt sich in einem Bewerbungsschreiben, das optisch und textlich ganz andere – eben individuellere – Möglichkeiten bietet, vielleicht geschickt auffangen. In einem Formular müssen Sie oft sagen, welche Note Sie hatten, andernfalls kommen Sie gar nicht auf die nächste Seite und zum nächsten Bewerbungsschritt.

Bei einer formulargesteuerten Online-Bewerbung, die vielleicht sogar vom Computer, ganz sicher aber „nur" von einem Sachbearbeiter ausgewertet wird, lässt sich nichts kaschieren. Auch die Auswahl ist oft an Fakten orientiert, die das Unternehmen selbst bestimmen kann. So lassen sich etwa Bewerber mit Noten schlechter als 2,8, Englischkenntnissen geringer als verhandlungssicher und einer Studiendauer über neun Semestern theoretisch automatisch aussortieren. Solche Einstellungen muss es zwar nicht geben, aber die Möglichkeit, derartige Auswahlkriterien festzulegen, ist in den Recruiting-Programmen – von denen es auf dem Markt etwa acht bis zehn verschiedene gibt – stets enthalten. Und auch, wenn Unternehmen dies in der Regel nicht zugeben, ist doch davon auszugehen, dass die Möglichkeit auch genutzt wird.

Bei aller Kritik sollten Sie allerdings bedenken: Wenn ein Unternehmen großen Wert auf einen sehr guten Notenschnitt legt, so wird Ihre Abschlussnote auch bei einer klassischen Bewerbung die entscheidende Rolle spielen. Das Ergebnis ist also dasselbe, ob Sie die Bewerbung nun online oder per Post schicken. Über eine automatische Online-Absage kann man sich nur leichter ärgern, weil sie so sichtbar unpersönlich ist.

Trends

Es gibt gute Nachrichten: Viele Unternehmen arbeiten daran, ihre Formulare immer weiter zu vereinfachen. Sie haben eingesehen, dass es für die Bewerber eine Zumutung ist, sich durch zehn Seiten durchzuarbeiten und sich am Ende über einen Computerabsturz zu ärgern. Gerade die guten, leistungsfähigen Bewerber haben wenig Lust, viel Zeit in das Abtippen Ihrer Vita und das Ankreuzen zu stecken. Diese Bewerber verlieren die Unternehmen durch zunehmende Komplexität. Es sind vor allem die IT-Unternehmen, die das erkannt haben, und so ist beispielsweise das Formular von Microsoft nur noch eine Seite lang. Zentrales Element ist die Möglichkeit, den Lebenslauf hochzuladen. Ebenso angenehm kurz angebunden ist Lidl – auf nur einer Seite fragt das Unternehmen alle relevanten Fakten ab.

Online-Bewerbung

Für Ihre Bewerbung benötigen wir einige Angaben zu Ihrer Person. Ihre Bewerbung wird in Kürze von uns beantwortet.

* Pflichtfelder: bitte ausfüllen!

Bewerbung als:	**Trainee (w/m)**
Vorname	* Svenja
Nachname	* Beispiel
Strasse	* Palmaille 52
PLZ	* 22767
Ort	* Hamburg
Land	▼
Telefon	
Mobiltelefon	
Email	* hofert@karriereundentwicklung.de

Schul-/ Berufs-/ Weiterbildung *
Datumsformat: TT/MM/JJJJ

	Von	Bis	Schule/ Hochschule	Zeugnis Ja	Nein	Schnitt
		1985	Gymnasium	◉	○	1,0
				○	○	
				○	○	
				○	○	
				○	○	

Erlernter Beruf

Berufserfahrung/ Praktika
Datumsformat: TT/MM/JJJJ

	Von	Bis	Firma	Zeugnis Ja	Nein
				○	○
Tätigkeit				○	○

Sprachkenntnisse	Keine Kenntnisse	Grund-kenntnisse	Gute Kenntnisse	Fließende Kenntnisse	Verhand-lungssicher	Mutter-sprache
deutsch	◉	◉	◉	◉	◉	◉
_____ ▼	◉	◉	◉	◉	◉	◉
_____ ▼	◉	◉	◉	◉	◉	◉

Auslandsaufenthalte
verbleibende
Zeichen:
500

EDV-Kenntnisse
verbleibende
Zeichen:
500

Hobby
verbleibende
Zeichen:
500

**Weitere
Informationen**
verbleibende
Zeichen:
500

Dateianhänge [   ] [Durchsuchen...]

[Hinzufügen / Entfernen]

So einfach wie bei Lidl (www.lidl.de) sind nur wenige Formulare – noch. Sie haben viele Freitextfelder und sollten diese auch nutzen. Schreiben Sie die Texte am besten in Word vor. Mit der Funktion „Zeichen/Wörter zählen" können Sie erkennen, wie lang Ihr Baustein ist. Weitere Tipps: Bei den EDV-Kenntnissen stufen Sie Ihre Kenntnisse ein (z.B. Grundkenntnisse, gute Kenntnisse, Experte). Sagen Sie nie nur „Microsoft Office", denn das können viele verschiedene Programme sein. Benennen Sie Word, Excel, Access, Powerpoint jeweils für sich. Trauen Sie sich, Hobbys zu benennen – Unternehmen möchten Mitarbeiter, die über den Tellerrand schauen und sich für mehr als Arbeit interessieren.

Vorbereitung

Bevor Sie sich über Online-Formulare bewerben, sollten Sie Ihre Unterlagen vorbereiten. Ist Ihr Lebenslauf als PDF bereit zum Upload? Sind die Zeugnisse gescannt und liegen als PDF in kleiner Dateigröße vor? Wunderbar. Bereiten Sie dann Textbausteine für die obligatorischen Freitextfelder vor. Diese wollen fast immer nur eins wissen: was Sie motiviert, sich gerade bei diesem Unternehmen und auf diese Stelle zu bewerben. Eine Passage, die Bewerbern erfahrungsgemäß sehr schwerfällt. Damit Sie nicht zu lange online überlegen (was das System gegebenenfalls bemerkt oder was dazu führt, dass Sie zwangsweise ausgeloggt werden), empfehle ich, diese Sätze vorzubereiten. Die Länge ist dabei unterschiedlich. Der ideale Text enthält die wichtigsten Informationen am Anfang und ist nach hinten hin kürzbar.

Beginnen Sie ihn mit „Sehr geehrte Damen und Herren" und enden Sie mit einer Grußformel. Viele Bewerber tun das leider nicht, sondern stolpern direkt in den Text hinein. Wenn nach Ihrer Motivation gefragt ist, beschreiben Sie diese und vermeiden Sie es, Ihren Lebenslauf zu wiederholen. Sagen Sie etwas Natürliches, Authentisches. So wird die BMW-Personalabteilung sicher von vielen Bewerbern hören, dass diese „Freude am Fahren" haben. Das ist nichts Besonderes mehr. Es gibt Methoden, solche Texte systematisch zu entwickeln. Schreiben Sie zunächst auf, was Ihnen einfällt, wenn Sie an den Arbeitgeber oder die Position denken. Greifen Sie aus Ihren Ideen dann das heraus, was Ihnen am Positivsten und Ungewöhnlichsten erscheint. Auch der Einstieg über eine Anekdote oder eine Erinnerung ist denkbar.

Beispiel einer Gedankensammlung zu BMW:

- Elektroauto
- Mein Vater hatte in den 80ern einen orangefarbenen 3er BNW
- Innovative Ingenieure

Daraus könnte sich ein Einstiegssatz wie der folgende ergeben: „Mein erstes Fahrerlebnis hatte ich 1982 im orangefarbenen 3er-BMW meines Vaters. Ich krachte in einen Porsche. (…)"

Viele Bewerber haben Schwierigkeiten zu erklären, warum sie bei einem speziellen Unternehmen arbeiten wollen. Denn im Grunde ist es ihnen gleich, für wen sie arbeiten, es geht mehr um die Aufgaben. In solch einem Fall hat es keinen Sinn, sich gestochene Formulierungen zu überlegen. Beziehen Sie Ihr Motivationsschreiben dann auf die Aufgaben!

Ablauf der Online-Bewerbung

- Beantworten Sie alle Fragen möglichst präzise und ausführlich und vergessen Sie nicht, Ihre Bewerbung im Anschluss zu aktivieren. Nur dann kann Ihre Bewerbung von den entsprechenden Fachstellen geprüft werden.
- Die mit Stern (*) markierten Felder sind Mussfelder. Bevor Sie die Online-Bewerbung aktivieren können, müssen diese Felder vollständig bearbeitet werden. Falls Sie eine Fehlermeldung mit Hinweis auf nicht ausgefüllte Mussfelder erhalten, können Sie diese mit einem Klick auf den **Weiter-Button** überspringen. Die **Zurück- und Weiter-Buttons** führen Sie durch die Online-Bewerbung. Die Bearbeitungsreihenfolge ist jedoch nicht vorgegeben. Über das linke Navigationsmenü können Sie jederzeit in die einzelnen Kapitel der Online-Bewerbung springen.
- Bevor Sie Ihre Online-Bewerbung aktivieren, können Sie Ihre Angaben nochmals überprüfen, indem Sie den Menüpunkt Übersicht aufrufen. Falls alle Mussfelder bearbeitet wurden, können Sie die **Bewerbung aktivieren**.
- Bitte **aktivieren** Sie Ihre Online-Bewerbung erst, nachdem Sie **persönliche Dateianhänge wie Anschreiben und Zeugnisse** beigefügt haben. Sie können hierfür bis zu 15 Dateien von insgesamt 4 MB anfügen. Online-Bewerbungen ohne persönliche Anhänge werden von den Fachbereichen **nicht akzeptiert.**
- Nehmen Sie sich für die Bearbeitung der Online-Bewerbung **ausreichend** Zeit. Sie können die **Bearbeitung unterbrechen** und Ihre Daten jederzeit über den **Job Assistenten** wieder aufrufen und weiter pflegen.

Beispiel BMW: Zunächst lesen Sie, was Sie alles beachten müssen und wie die Bewerbung funktioniert. Danach geben Sie Name und E-Mail-Adresse an. BMW schickt Ihnen dann eine Bestätigung in Ihr Postfach. Klicken Sie auf den per Mail gesendeten Link und starten Sie Ihre Bewerbung. Halt: Vorher müssen Sie noch entscheiden, ob Sie sich initiativ oder auf eines der Stellenangebote vorstellen möchten.

Ausfüllen

Füllen Sie die Formulare sorgfältig aus. Vergessen Sie keine Spalte und kontrollieren Sie die Dokumente zweimal, bevor Sie sie absenden. Meist können Sie Ihre Bewerbung über mehrere Tage bearbeiten, bevor Sie letztendlich auf „Senden" klicken. Eine Nacht über die Bewerbung zu schlafen, ist gerade bei komplexeren Formularen sinnvoll – schließlich sehen Sie gerade die kleinen Flüchtigkeitsfehler oft nur mit etwa zeitlichem Abstand.

Bei IT- und Sprachkenntnissen gibt es meist eine Vorauswahl zur Einstufung Ihrer Kenntnisse. Diese ist nicht immer glücklich gewählt. So können einen die Auswahlmöglichkeiten „verhandlungssicher", „fließend" und „Grundkenntnisse" bei Englisch oder die Abstufungen „Experte" und „Profi" im IT-Bereich stark ins Grübeln bringen. Nicht alle Formulare sind eben so durchdacht wie Ihre Bewerbung!

Stufen Sie sich im Zweifel lieber etwas höher ein als zu niedrig. Ich bin zwar mit Ihnen der Meinung, dass eine Bewerbung ehrlich und authentisch sein sollte, wenn Sie aber die Wahl haben zwischen „fließend" und „Grundkenntnisse" bei Englisch, sich selbst aber als recht guten Englischsprecher einstufen, auch wenn nicht unbedingt „fluent", sollten Sie lieber das Kreuzchen weiter oben machen. Im Vorstellungsgespräch erläutern Sie Ihre Gewissensbisse.

Insbesondere Techniker sollten möglichst viele Fachwörter und Synonyme nutzen – vor allem in den Freitextfeldern. Das hat damit zu tun, dass oft nach bestimmten Begriffen automatisiert gesucht wird. Es wäre doch schade, wenn gerade Ihr Stichwort nicht darunter wäre, nur weil Sie es vergessen oder nicht daran gedacht haben, dass es verschiedene Schreibweisen gibt.

Weitere Prüfung	Verfügbarkeit

Gewünschte Art der Beschäftigung* ☑ Vollzeit ☐ Teilzeit

Frühester Eintrittstermin* 01 02 2010

Sind Sie zum Zeitpunkt der Bewerbung bzw. zum möglichen Eintrittstermin arbeitslos gemeldet? ○ Ja ◉ Nein

Wunsch Jahresgehalt 85.000 Euro

‹ Zurück ? Hilfe Weiter ›

* gekennzeichnete Felder müssen ausgefüllt werden

Das Bewerbungsformular von BMW teilt sich wie viele seiner „Kollegen" in mehrere einzelne Schritte/Register. Bei BMW lässt sich dabei zwischen den einzelnen Registerkarten springen – bei der Konkurrenz Daimler, aber auch vielen anderen Unternehmen müssen Sie dagegen einen Schritt nach dem anderen gehen. Um die Angabe einer Gehaltsvorstellung kommen Sie nicht herum, wenn diese eine Pflichtfeldangabe ist. Das entsprechende Feld hat dann ein Sternchen oder ist anders gekennzeichnet. Gerade bei Initiativbewerbungen ist eine solche Angabe schwer, zumal anders als im Bewerbungsanschreiben keine Spanne genannt werden kann. Geben Sie ein Jahresbrutto an, dass vor dem Hintergrund Ihrer Erfahrung und Ausbildung realistisch ist und dem Branchenniveau entspricht.

Eine Gehaltsvorstellung wird oft in Online-Formularen gefordert – bei BMW müssen Sie diese nicht unbedingt ausfüllen, bei vielen anderen Unternehmen aber schon.

Das Anschreiben setzen Sie in das entsprechende Freitextfeld. Achten Sie dabei ▶ auf die Überschrift dieses Feldes – es ist bei jedem Unternehmen anders. Meist wollen die Firmen etwas über Ihr Motiv wissen, sich bei ihnen zu bewerben. Es geht also nicht um die Lebenslaufwiederholung! Schreiben Sie das Anschreiben in Word vor und verfassen Sie es in einer Kurz- und einer Langversion. In Online-Formularen haben Sie oft nur begrenzten Platz, bei BMW etwa 1 800 Zeichen, bei Lufthansa sogar nur 1 300. Das zwingt Sie dazu, sich kurz zu halten und auf Füllwörter zu verzichten. Vergessen Sie nicht, mit „Sehr geehrte Damen und Herren" zu beginnen sowie mit „Mit freundlichen Grüßen" zu schließen. Das ist eine Sache der Höflichkeit.

Online-Bewerbung.
Direktbewerbung für Festanstellung.
Stellenreferenz 51003

| Persönliche Daten | Adressen | Weitere Angaben |

Bitte nutzen Sie das Freitextfeld, um ein persönliches Anschreiben für Ihre Direktbewerbung zu formulieren. Es stehen Ihnen hierfür 1800 Zeichen zur Verfügung.

Anschreiben für die Direktbewerbung auf Stelle 51003:

Sehr geehrte Frau Müller,
als Diplom-Ingenieur möchte ich die Qualitätsplanung in Ihrem Unternehmen sicherstellen und Qualitätsnormen optimieren. Im letzten Monat habe ich den Six Sigma Green Belt erworben und besitze damit die notwendige Zusatzqualifikation.
Für meinen Einsatz bei Ihnen bringe ich mehr als zehn Jahre einschlägiger Erfahrung nach meinem Studium (FH) mit dem Schwerpunkt Verfahrenstechnik mit. Seit 1998 war ich bei der BEYER AG in der Hauptniederlassung in Düsseldorf tätig, zuletzt als Qualitätsmanagementleiter und stellvertretender Produktionsleiter.
Im Rahmen meiner Tätigkeiten konnte ich zahlreiche Verbesserungen durchsetzen, erreichte etwa geringere Herstellungspreise durch Rezepturänderungen, messbare Leistungssteigerungen im Bereich der Extrusion und deutliche Effizienz-Verbesserungen im Bereich der Automatisierung der Materialaufbereitung.
Ger möchte ich mein Wissen und meine Erfahrung bei Ihnen anwenden und den nächsten Karriereschritt tun.
Mit freundlichen Grüßen

Was Sie sonst noch über mich wissen sollten, ... Bitte nutzen Sie das Freitextfeld, um ein Anschreiben für Ihre Initiativbewerbung zu formulieren. Es stehen Ihnen hierfür 1200 Zeichen zur Verfügung.

Senden

Bevor Sie die Bewerbung abschicken, lesen Sie sich alle Antworten noch einmal durch. Drucken Sie dann die komplette Bewerbung. Geht das nicht mit der Software, nutzen Sie die Taste „Druck" auf Ihrer Tastatur, um ein Bildschirmfoto zu machen, dass Sie dann mit Copy + V in Word einsetzen. Selbstverständlich können Sie auch ein Screenshot-Programm nutzen.

Prüfen Sie, ob die Bewerbung auch wirklich abgeschickt worden ist. Dazu sollte die Website eine eindeutige Meldung abgeben, etwa: „Ihre Bewerbung wurde versendet." Falls nach dem Senden nichts geschieht, warten Sie zwei Tage ab. Sollten Sie bis dahin keine Eingangsbestätigung des Unternehmens erhalten haben, schreiben Sie an das Recruiting-Team. Manchmal sind verschollene Bewerbungen rekonstruierbar – jedenfalls würde Ihnen das die Mühe ersparen, sich noch ein weiteres Mal an die Arbeit zu machen.

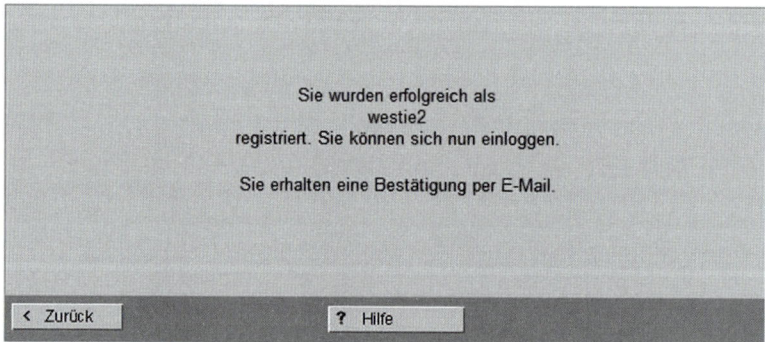

Wenn Sie eine solche Meldung erhalten, ist alles gut und das Formular gesendet. Spätestens nach zwei Tagen sollten Sie außerdem eine automatische Eingangsbestätigung erhalten.

Das Online-Assessment-Center

Immer öfter werden den Online-Bewerbungen Online-Assessment-Center vorgeschaltet. Bewerber müssen dann einen oder mehrere Tests bestehen, bevor sie überhaupt bei der Bewerbung berücksichtigt werden. So ein Online-Assessment-Center gibt es etwa bei der Deutschen Lufthansa, bei Procter & Gamble, Lidl oder bei Unilever.

Meist sind es Tests zum kognitiven Verständnis oder auch der Intelligenz, zum Allgemeinwissen oder zum Stressverhalten. Über den Sinn solcher Vorauswahlinstrumente lässt sich streiten. Zum einen sind sie einfach manipulierbar. Wenn Sie möchten, setzen Sie sich gemeinsam mit fünf begabten Freunden hin (ein Mathegenie, einen Logikdenker, einen Sprach-Allrounder und jemand mit ganz viel Allgemeinwissen) und bearbeiten die Aufgaben über den Teamviewer (www.teamviewer.com/de) oder Netmeeting (Teil von Windows). Die Urheber der Tests sagen auf diesen Einwand, dass dann spätestens im echten AC oder Gespräch herauskäme, ob ein Bewerber manipuliert hat. Doch nach meiner Praxiserfahrung ist dies nur der Fall, wenn das echte AC auf das Online-AC aufbaut – was allerdings beispielsweise bei Daimler der Fall ist. Hier wiederholt der Aspirant sein Online-Assessment im richtigen AC noch einmal. So können die Personalverantwortlichen sehen, ob auch wirklich alles mit rechten Dingen zugegangen ist.

Im Test der Lufthansa geht es darum, Zahlenfolgen zu ergänzen, zu rechnen oder gleiche Muster in Bildern erkennen. Solche Aufgaben kann man üben und sich in die „Systeme" hineindenken. Wer das Prinzip einmal erkannt hat, bewältigt sie leicht. Die größere Falle ist der Stress. Manch einer hat im entspannten Zustand keine Probleme, solche Tests zu bestehen, bei tickender Uhr hingegen schon. Und die Uhr tickt bei diesen Online-Tests!

Einige Tests fragen auch Wissen ab, allerdings selten wirklich beruflich relevantes. So will die Lufthansa wissen, was ein Fries ist (eine Schmuckleiste aus der Baukunst). Ob dies nun zum Grundstock solider Allgemeinbildung gehört? Und ob der Oleander rosa Blüten hat, muss man als Nicht-Biologe wohl auch nicht unbedingt wissen. Es wird trotzdem gefragt. Zudem sind solche Wissenstests im Internet schnell ad absurdum geführt. Auf Wikipedia erhält man die Antwort in Sekundenschnelle. Ein Indiz für Allgemeinbildung ist das wirklich nicht. Aber vielleicht wollen die Unternehmen ja auch nur wissen, ob Sie Wikipedia kennen? Sollten Sie, denn bei solchen Online-ACs ist die weltweit größte Enzyklopädie eine große Hilfe.

Teilweise ist in solche Tests ein elektronischer Postkorb integriert. Das ist eine Übung, die auch in Präsenz-Assessment-Centern eingesetzt wird. Sie sollen dabei Dokumente oder E-Mails zuordnen und bearbeiten. Die Tester wollen wissen, ob Sie Prioritäten setzen können und Wesentliches von Unwesentlichem unterscheiden. Es kann auch sein, dass man wissen will, ob Sie erkennen, wann Sie etwas mit dem Vorgesetzten besprechen und was Sie an die Mitarbeiter delegieren sollten.

10 Tipps für erfolgreiche Online-Formularbewerbungen

1. Geben sich bei Online-Bewerbungen mindestens so viel Mühe wie früher beim Schreiben der Postbewerbung!
2. Bereiten Sie Texte vor und speichern Sie diese in einem zentralen Dokument. Sie müssen relevante Passagen dann nur noch mit Kopieren und Einfügen in das Formular setzen.
3. Lassen Sie sich viel Zeit für eine Bewerbung. Kalkulieren Sie etwa bei Lufthansa gut und gerne mit einer Stunde. Füllen Sie alle Felder aus und vergessen Sie auch keine Details. Wenn ein Unternehmen den Notendurchschnitt abfragt, will es diesen auch wissen.

▶

4. Nutzen Sie auch die Möglichkeit, in Freitextfelder zu schreiben. Überlegen Sie sich, was Sie hier zum Ausdruck bringen möchten. Oft ist dies Ersatz für ein Anschreiben und die Möglichkeit, Persönliches in die Bewerbung einfließen zu lassen.

5. Verwenden Sie möglichst viele Stichwörter, nach denen auch automatisiert gesucht werden kann – dies gilt vor allem für den technischen Bereich.

6. Achten Sie auf Ihre Rechtschreibung und lesen Sie die ausgefüllten Passagen mehrfach. Bevor Sie ein Formular absenden, sollten Sie nochmals alle Punkte überprüfen.

7. Nutzen Sie die Gelegenheit, weitere Dokumente – meist den Lebenslauf – hochzuladen.

8. Verweisen Sie gegebenenfalls auf Zeugnisse, Referenzen oder Arbeitsprobe, die Sie im Internet hinterlegt haben (siehe Kapitel „Die eigene Bewerbungswebsite").

9. Drucken Sie Ihr ausgefülltes Formular, wenn dies möglich ist. So wissen Sie auch nach einer eventuellen Einladung, was Sie eingegeben haben. Falls das nicht geht: Fertigen Sie Bildschirmfotos an (einfach den Tastatur-Button „Drucken" oder „Print" drücken, ein Word-Dokument öffnen und mit dem Koffer-Symbol oder Steuerung + V einsetzen).

10. Achten Sie darauf, dass Sie nach dem Absenden der Bewerbung eine Erfolgsmeldung bekommen – beispielsweise „Vielen Dank für Ihre Bewerbung". Das ist ein Indiz dafür, dass technisch schon mal alles glatt gelaufen ist. Empfangsbestätigungen sind bei größeren Unternehmen ebenfalls üblich. Wenn nicht, fassen Sie nach etwa einer Woche nach.

Vorstellung und Vorbereitung

Glückwunsch: Sie haben die Einladung zu einem Vorstellungsgespräch telefonisch, mit der Post oder per E-Mail erhalten. Die meisten Unternehmen geben Ihnen jetzt eine bis vier Wochen Zeit, sich auf das Gespräch vorzubereiten. Diese Zeit sollten Sie nutzen, um sich gezielt vorzubereiten. Niemand erwartet von Ihnen, dass Sie die Geschäftsergebnisse der letzten fünf Jahre herunterbeten können. Aber ein, zwei Abende sollten Sie schon investieren, um sich über Branche, Firmenkultur, Produktpalette, Konkurrenzsituation und die wirtschaftliche Lage Ihrer vielleicht „Künftigen" zu informieren.

Auch dabei hilft Ihnen wieder das Internet. Ihre erste Hausaufgabe lautet, sich auf der Website des Unternehmens umzuschauen. Je nachdem, in welchem Bereich Sie sich beworben haben, sollten Sie sich dabei vor allem für Wirtschaft, Personal, Marketing, PR oder die Geschäftszahlen interessieren. Ein künftiger Marketingreferent etwa sollte wissen, was die aktuelle Strategie des Unternehmens ist. Er sollte die Produkte, die Werbung und andere Maßnahmen der Firma kennen. Ein künftiger Personaler interessiert sich vorrangig für die Personalpolitik, die Strategie zur Personalgewinnung, den Ansatz bei der Personalentwicklung oder beim Employer-Branding, den Arbeitsmarkt am Sitz des Unternehmens.

Leitfragen für die Vorbereitung

Natürlich sollten Sie sich auch über aktuelle Bewegungen im Unternehmen informieren. Dabei gilt es, den eigenen Bereich zu verlassen und übergreifende Informationen zu suchen.

Folgende Fragen sind dabei Anhaltspunkte:

- In welchen Märkten ist das Unternehmen aktiv?
- Wie viele Filialen hat es?
- Was ist die Unternehmensstruktur?
- Was verändert das Unternehmen gerade?
- In welche Bereiche expandiert es?
- Welche Konsequenzen haben Umstrukturierungen?
- Was sind die Kernkompetenzen der Firma?
- Wo öffnen sich neue Geschäftsfelder?
- Was erwartet das Unternehmen von seinen Mitarbeitern?
- Was tut das Unternehmen für seine Mitarbeiter?

Neue Entwicklungen sind dabei besonders spannend, denn vermutlich sollen die neu einzustellenden Bewerber diese antreiben und unterstützen. Gibt die Website darüber keine Auskunft, so informieren Sie sich in der Presse. Die aktuellsten Nachrichten finden Sie dabei im Pressebereich des Unternehmens. Börsennotierte Unternehmen sind verpflichtet, sogenannte Ad-hoc-Meldungen herauszugeben, wenn Veränderungen zu Börsenbewegungen führen können. Diese sollten Sie unbedingt kennen, wenn Sie wirtschaftsnah arbeiten. Haben „Fremde" keinen Zugang zum Pressebereich – einige Unternehmen lassen hier nur Journalisten herein –, so suchen Sie über Google News. Wenn Sie bei Google die Registerkarte News betätigen und dort den Firmennamen eingeben, erhalten Sie aktuelle Nachrichten zu dem Unternehmen. Diese Funktion ist auch zusätzlich zur Suche im Pressebereich sehr nützlich. Bei Google News können Sie sich mit der „Alert"-Funktion auf dem Laufenden halten. Immer wenn es neue Meldungen zu „Ihrem" Unternehmen (oder Stichwort) gibt, werden Sie per E-Mail benachrichtigt.

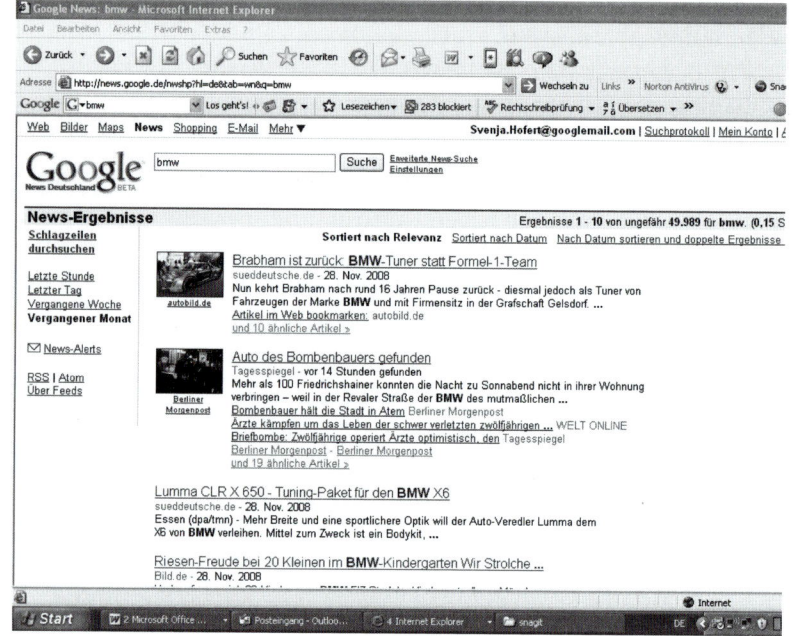

Google News ist ideal für die Vorbereitung auf das Jobinterview.

Weitere Internetquellen für die Recherche:

- *Financial Times Deutschland* (www.ftd.de)
- *FAZ* (www.faz.de)
- *Süddeutsche* (www.sueddeutsche.de)
- *Zeit* (www.zeit.de)
- *Spiegel* (www.spiegel.de)
- Vernachlässigen Sie auch nicht Ihre Branchenmedien, etwa die *VDI-Nachrichten* für Ingenieure (www.vdi-nachrichten.de).

Interviewer im Netz

Alex wusste schon vor dem Gespräch fast alles über seinen künftigen Chef. Im Internet hatte er Interviews in der *Computerwoche* und der Zeitschrift *CIO* gelesen. Sein Chef hatte einen Doktortitel in Informatik, außerdem war er begeisterter Fußballfan – was er über die Website Xing erfuhr. Dort konnte er sich auch direkt ein Bild vom künftigen Vorgesetzten machen.

Für das Gespräch war das ein klarer Vorteil. Aufgrund des persönlichen Hintergrunds wusste Alex, dass er sich besonders auf das Thema „Green IT" vorbereiten sollte, denn das war das Steckenpferd des Vorgesetzten. Außerdem konnte er ihn auf einen Artikel und das letzte Spiel seines Fußballclubs ansprechen. Das alles kam gut an. Alex punktete im Vorstellungsgespräch, kam in die nächste Runde und erhielt den Arbeitsvertrag.

Wer wird am Gespräch teilnehmen? Kennen Sie die Namen? Es gibt kaum noch jemand, der im Internet nicht zu finden ist. Je seltener die Namen, desto wahrscheinlicher ist, dass Sie sie finden. Seien Sie aber vorsichtig bei der Interpretation. Ein Foto im Internet kann beispielsweise den Eindruck erwecken, ein Mensch sei sehr kühl und sachlich – das persönliche Auftreten ist dann aber vielleicht ganz anders. Ein Bewerber der sich darauf eingestellt hat, das Gespräch auf der emotionalen „Schiene" zu führen, wird dann vielleicht überrascht und aus dem Konzept gebracht. Nehmen Sie Informationen und Fotos im Internet deshalb als Anhaltspunkte, aber bleiben Sie offen für das, was Sie im Gespräch erwartet.

Firmeninformationen aus dem Internet nutzen

Auf der Internetseite finden sich kaum Informationen? Bei kleineren Unternehmen und in bestimmten Branchen kommt das öfter vor. Sie sollten dann weiter recherchieren, etwa zur Marktposition oder Mitarbeiterzahl. Der Hoppenstedt im Internet (www.hoppenstedt.de) hält Infos über 135 000 mittelständische und große Firmen direkt online oder auf CD bereit. Leider kostet die Nutzung mehrere hundert Euro. Sie können stattdessen die Hoppenstedt-CDs in öffentlichen Bibliotheken nutzen.

Sie können auch Geschäftsberichte und Unternehmensbroschüren bestellen. Rufen Sie dazu in der Telefonzentrale des Unternehmens an. Ein Jahresabschlussbericht ist die optimale Informationsplattform für ein Vorstellungsgespräch, denn er bietet nicht nur harte Fakten, sondern vor allem Einblick in die Firmenkultur und, fast noch wichtiger, die Visionen des Unternehmens. Wo will es hin, was sind die Aussichten? Kleinere Unternehmen veröffentlichen allerdings meist keine Jahresberichte.

Um mehr über die Wettbewerber des Unternehmens zu erfahren, bei dem Sie sich beworben haben, nutzen Sie Quellen wie www.werzu-wem.de. Dort finden Sie die Topunternehmen einer Branche oder einer Region. Auch über Google könnten Sie fündig werden, wenn Sie Stichwörter wie „10 größte Einzelhandelsketten" oder „Topunternehmen Logistik" eingeben.

Persönliche Vorbereitung

Wie wirke ich? Etwa die Hälfte der Bewerber ist bei diesem Punkt sehr unsicher. Die andere Hälfte ist sich sicher, aber irrt oft dabei. So wie Konstantin. Er hatte nach zehn erfolglosen Gesprächen den Weg zu mir gefunden. „Ich bin überzeugt, dass ich sehr gut ankomme, trotzdem bekomme ich immer Absagen." Die Ursache war schnell gefunden. Konstantin wirkte nicht selbstbewusst, sondern arrogant – die Beine breit, die Arme weit hinten an den Stuhllehnen, sehr werbliche Sprache. Ein Video hielt ihm den Spiegel vor und schon mit einer Haltungsänderung war viel erreicht.

Werden Sie sich zunächst einmal klar über Ihre Wirkung – am besten, indem Sie sich von einer neutralen Person oder im Rahmen eines Workshops beurteilen lassen. Freunde oder Bekannte sind dafür weniger geeignet. Wie ein Mensch wirkt, ist erst einmal unabhängig von dem, was er sagt. Der Inhalt der Worte wird aus meiner Sicht ohnehin oft überschätzt. Entscheidender als das, was man sagt, ist immer, wie man es sagt. Körpersprache, Tonfall und Worte müssen zusammenspielen. Wenn ein Bewerber beispielsweise sagt, wie sehr er sich für ein Thema begeistern kann – dies aber in einem traurigen, genervten Ton, passt das einfach nicht zusammen.

„Erzählen Sie mal über sich!"

Dies gilt vor allem auch für die Vorstellung am Anfang des Gesprächs, das „Erzählen Sie mal über sich", das so oder anders fast immer Teil des Vorstellungsgesprächs ist. Wenn Sie hier berichten, wie Sie Ihr Aufenthalt in den USA so begeistert hat, dass Sie sich entschlossen haben, Amerikanistik zu studieren, sollten die Gesprächspartner etwas von dieser Begeisterung spüren. Dies erreichen Sie meist mit ganz einfachen Mitteln. Ihre Selbstdarstellung gewinnt, wenn Sie, anstatt Stationen einfach nur so herunterzurattern, die folgenden Punkte beachten:

- Beschränken Sie Ihre Erzählzeit auf rund fünf Minuten.
- Entscheiden Sie sich, fünf bis sechs Meilensteine aus Ihrem Lebenslauf zu benennen. Sie müssen NICHT jede einzelne Station erläutern.
- Nehmen Sie die Meilensteine, die für das Unternehmen interessant und für die Stelle relevant sind.
- Erzählen Sie, was Sie motiviert hat, sich für eine Ausbildung, ein Studium, einen Arbeitsplatz zu entscheiden.
- Bringen Sie Beispiele, die zeigen, was Sie gemacht, realisiert, erreicht haben.
- Sprechen Sie bildhaft (z. B. „Das war für mich ein Schlüsselerlebnis").
- Verzichten Sie weitgehend auf die Nennung von Jahreszahlen – diese machen ein Gespräch schwerfällig und langweilig.
- Verzichten Sie auf den Hinweis: „... wie Sie meinem Lebenslauf entnehmen" – das ist arrogant. Niemand lernt Ihren Lebenslauf auswendig. Außerdem gehen Sie lieber nicht davon aus, dass jeder ihn gelesen hat.
- Thematisieren Sie keine Lücken. Darauf werden Sie angesprochen – oder nicht.

Lücken und Nachfragen

Bärbel hatte in Ihrem langen Leben als Geschäftsführungsassistentin oft die Jobs gewechselt. Nirgendwo war sie länger als zwei Jahre geblieben. In jedem Gespräch kam das Thema „Jobhopping" auf den Tisch. „Ich habe das mit meinen befristeten Tätigkeiten begründet und meinen Wunsch betont, jetzt länger bei einem Arbeitgeber zu bleiben. Damit war ich erfolgreich."

Bestimmte Fragen lassen sich erahnen. Fragen Sie sich anhand Ihres Lebenslaufes:

- Gibt es Schönheitsmängel, etwa eine größere zeitliche Lücke oder ein unabgeschlossenes Studium?
- Sind Positionen dabei, die nicht zu den anderen passen, z. B. weil Sie unterqualifiziert eingesetzt worden sind?
- Existieren kurz aufeinander folgende Stationen, die nach „Hopping" aussehen mögen?
- Könnte erkennbar sein, dass Sie herabgestuft worden sind, z. B. weil Sie ein kleineres Verkaufsgebiet erhalten haben?
- Waren Sie selbstständig?
- Gibt es unbelegte Zeiten, also Lücken?
- Wiederholt sich Arbeitslosigkeit?
- Wiederholen sich Zeitverträge?
- Haben Sie eine Probezeit nicht bestanden?

Versuchen Sie mit den Augen des neutralen Betrachters auf Ihre Vita zu sehen. Lassen Sie Ihren Lebenslauf von einem Personal- oder Karriereberater beurteilen, wenn Ihnen das schwerfällt. Schreiben Sie alle wunden Punkte auf. Was könnten Sie dazu sagen, ohne sich selbst ins „Aus" zu schießen? Denken Sie an die Regel: Ihre Antworten sollten authentisch sein, zugleich positiv und immer verständlich. Fast immer ist eine einfache Antwort besser als eine lange Rechtfertigung. „Ja, das waren viele kürzere Positionen. Das hätte ich mir anders gewünscht. Deshalb bin ich aber auch jetzt hier: um Sie davon zu überzeugen, dass ich die richtige Besetzung für eine dauerhafte Position bin."

„Warum dieses Unternehmen?"

Auch das ist typisch und ganz normal: Ihre Gesprächspartner möchten wissen, warum Sie sich für das Unternehmen und/oder die Stelle interessieren. Die Begründung sollte authentisch sein – Sie sollten sich also mit der eigenen Antwort identifizieren können. Niemand glaubt von Ihnen, dass Sie schon als kleines Kind für diese eine Firma arbeiten wollten, wenn diese nicht gerade Porsche heißt.

Authentische Begründungen sind Begründungen, die Ihnen einfallen, wenn Sie darüber nachdenken, über das Unternehmen lesen, von anderen hören. So können Sie ruhig auf die Empfehlung Ihrer Freundin Eva Bezug nehmen, die ein Praktikum bei dieser Firma absolviert hat und begeistert war. Oder auf den Zeitschriftenartikel, der Ihnen gezeigt hat, dass das Unternehmen eine interessante Strategie verfolgt.

Stärken und Schwächen

Was sind Ihre Schwächen? Bewerber fürchten sich vor dieser Frage. Sie glauben oft, sie müssten hier irgendetwas erfinden oder etwas sagen, was sich eigentlich wie eine Stärke anhört. Deshalb sagen sehr viele „Ich bin ungeduldig". Entsprechend unbeliebt ist eine solche Aussage bei den Personalverantwortlichen. Die möchten Sie nicht auseinandernehmen, sondern kennenlernen. Das heißt natürlich auch nicht, dass Sie alles offenbaren sollten. Einen Einblick in sich selbst gewähren – damit kommen Sie am weitesten. Nennen Sie eine Schwäche, die wirklich eine ist, die aber nicht Ihre Arbeitsergebnisse in Frage stellt. So sollte ein Labormitarbeiter natürlich niemals zugeben, dass er manchmal ungenau arbeitet. Ein Marketingmitarbeiter dagegen schon: Zu seinem Wesen kann es passen, ab und zu Flüchtigkeitsfehler zu machen, die er aber wieder ausbügelt. Achten Sie darauf, dass die Schwächen kaum negativen Einfluss auf Ihre Tätigkeit haben können. Ihre Stärken auf der anderen Seite sollten zur Stelle passen. Bringen Sie Beispiele für Ihre Stärken. Beispiele sind wie ein Haftkleber, sie sorgen dafür, dass die anderen sich merken, was Sie gesagt haben.

Aus den genannten Kompetenzen muss sich ein harmonisches Persönlichkeitsbild ergeben. Manager sind eher selten gleichzeitig visionär und überdurchschnittlich gewissenhaft. Sehr genaue Menschen sind kaum zugleich Gestalter, die aufbauen, anpacken, neu schaffen. Das wissen Personaler, vermeiden Sie also Widersprüche!

Beliebt sind Fragen, die die Fremdsicht auf Sie betreffen. Mit so einer Frage möchten Ihre Gesprächspartner erfahren, wie andere Sie sehen – Ihr Professor, Ihr ehemaliger Arbeitgeber, die Kollegen, der beste Freund, die Mutter. Wappnen Sie sich! Wenn Sie sagen: „Keine Ahnung", kommt das schlecht an, denn eine gewisse Selbstreflexion setzen Personaler voraus.

Phase und Fragen im Vorstellungsgespräch	Kennzeichen	Tipps
Warm-up	Sie sprechen übers Wetter oder die Anreise, werden warm mit den Gesprächspartnern.	Üben Sie sich in Small-Talk, wenn dieser nicht Ihre Sache ist.
Ihr Lebenslauf	Erzählen Sie von sich.	Nehmen Sie fünf bis sechs Meilensteine und erläutern Sie diese. Beschreiben Sie Ihre Motivation, nutzen Sie Beispiele.
Nachfragen zum Lebenslauf	Was ist nicht belegt, was wirkt seltsam? Schlechte Noten? Schlechtes Zeugnis?	Bereiten Sie Ihre Antworten vor. Regel: Positiv, klar, sich nicht rechtfertigen.

Phase und Fragen im Vorstellungsgespräch	Kennzeichen	Tipps
Ihre Motivation, in diesem Unternehmen zu arbeiten	Was interessiert Sie an dieser Stelle und was wissen Sie über das Unternehmen?	Legen Sie sich Begründungen zurecht, die Sie auch ehrlich so meinen.
Fachfragen – Was wissen Sie …?	Was wissen Sie auf Ihrem Fachgebiet?	Welche Fragen sind logisch und nahe liegend? Bereiten Sie die Antwort vor, bringen Sie Ihr Wissen auf den aktuellen Stand.
Lösungsfrage – Wie würden Sie …?	Hier geht es darum, herauszufinden, wie Sie mit bestimmten Aufgaben umgehen.	Überlegen Sie nahe liegende Lösungsfragen. Eine Führungsperson bekommt z. B. Fragen dazu, wie sie mit bestimmten Konstellationen oder Konflikten umgeht.
Persönlichkeitsfragen – Wer sind Sie?	Man möchte erfahren, wer Sie als Mensch sind, was Ihre Stärken und Schwächen sind.	Werden Sie sich erst einmal klar über Ihre Persönlichkeit und deren unterschiedliche Seiten. Überlegen Sie sich dann Beispiele für Stärken. Schwächen nur kurz erwähnen.
Letzte Fragen – Was fragen Sie?	Das Unternehmen möchte wissen, was Sie sonst noch auf dem Herzen haben. Daran kann es erkennen, was für ein Mensch Sie sind.	Stellen Sie offene, intelligente Fragen, etwa zur Unternehmensstrategie. Stellen Sie nur solche Fragen, die nicht schon auf der Website beantwortet worden sind. Ihre Fragen sollten zudem nicht zu kompliziert sein und den Gesprächspartner bedrängen.

Tipps für ein erfolgreiches Vorstellungsgespräch

1. Beteiligen Sie sich von Anfang an aktiv am Gespräch, stellen Sie selbst Fragen. Diese Fragen sollten zeigen, dass Sie sich für Ihre Arbeit und das Unternehmen interessieren und bereits einiges über die Firma wissen.
2. Sprechen Sie langsam, gerade auch bei der Selbstvorstellung am Anfang.
3. Machen Sie sich für die einzelnen Gesprächsabschnitte Notizen.
4. Üben Sie das Gespräch „im Trockenen": Trainieren Sie vor einem Spiegel oder mit Ihrem Partner, am besten mit Video.
5. Wenn Sie etwas nicht verstehen, so fragen Sie nach.
   „Meinen Sie ...?" – „Habe ich es richtig verstanden, dass ...?"
6. Halten Sie zu allen Gesprächsteilnehmern Blickkontakt.
7. Halten Sie die Hände geöffnet, sitzen Sie gerade und entspannt.
8. Bleiben Sie Sie selbst, auch auf die Gefahr hin, dass Sie den Job nicht bekommen. Sehen Sie es so: Nicht Sie passen nicht zum Unternehmen – das Unternehmen passt nicht zu Ihnen.

Tests

Wieso ist der Rasen grün? Blöde Frage, sagen Sie? Gar nicht, denn Ihre Antwort zeigt, ob Sie damals in Biologie aufgepasst haben. Gerade in größeren Unternehmen gehören Fragen dieser Art zu den Einstellungstests. Allgemeinbildungstest, Tests des Fachwissens, Persönlichkeitstests, klassische Intelligenztests oder Kombitests – je höher Sie die Karriereleiter hinaufsteigen und je größer das Unternehmen, desto komplexer sind oft die Testverfahren.

Berufseinsteiger werden von den Unternehmen häufig auf ihre mathematische und sprachliche Kompetenz geprüft, denn schließlich sagt der Schul- und Uniabschluss allein wenig über das wirkliche

Wissen aus. Die Aufgaben des Allgemeinwissenstest können aus Multiple-Choice-Übungen, Lückentexten oder Rechenaufgaben bestehen. Viele Unternehmen erweitern ihren Einstellungstest um einen Fachwissenstest, der die berufsspezifischen Kenntnisse der Bewerber auf die Probe stellt. Darüber hinaus sollen Konzentrations- und Gedächtnistests die Auswahl des richtigen Bewerbers erleichtern. In einigen Fällen umfasst dieses Auswahlverfahren einen Intelligenz-, bei Führungspositionen sehr oft auch einen Persönlichkeitstest. Mithilfe dieser Testverfahren versuchen die Personalverantwortlichen, die persönlichen Qualitäten und die Leistungsfähigkeit der Teilnehmer festzustellen.

Bei der Vorbereitung auf die verschiedenen Testarten unterstützt Sie das Internet. Unterschiedlichste Einstellungstests zum Üben inklusive Auswertung gibt es bei Focus Online. Die Palette der angeboteten Tests reicht vom Persönlichkeitstest bis zum klassischen Intelligenztest: „www.focus.de" und „Einstellungstests" in die Suchmaschine eingeben.

Auch Ihr Englisch wird oft in Vorstellungsgesprächen getestet. Gut möglich, dass Sie in einem Assessment-Center plötzlich in Englisch präsentieren oder im Vorstellungsgespräch plötzlich in dieser Sprache antworten müssen. Doch wie gut ist Ihr Englisch wirklich? Ohne an einem teuren Sprachkurs teilzunehmen, können Sie Ihre Kenntnisse mit dem Sprachtest von FAZ.net testen, den Sie sich auf den Computer herunterladen können.

Einstellungstests

Art des Tests	Sinn und Zweck	Hier können Sie üben
Intelligenztest/ kognitiver Test	Wie schlau sind Sie? Dabei ist es oft besser, „nur" eine mittlere Intelligenz zu haben. Überflieger machen auch Angst.	www.intelligenz.check.de und www.testedich.de
Gedächtnistest	Wie gut funktioniert Ihr Gedächtnis?	www.testedich.de
Fachwissentest	Was wissen Sie in Ihrem Fachgebiet?	Keine spezielle Adresse, informieren Sie sich über aktuelle Zeitschriften!
Persönlichkeitstest/ Potenzialanalyse	Was sind Sie für ein Mensch?	www.hvbprofil.de
Sprachtest	Wie gut sprechen Sie eine Sprache?	Bei allen Instituten erstmal kostenlos, z. B. www.wallstreet-institute.de oder www.inlingua.de. Für Studenten: www.toefl.org. Kostenlos ist auch: http://sprachtest.cornelsen.de
Wissenstest	Welches Allgemein-wissen haben Sie?	www.testedich.de

Absage – was nun?

Schade, wenn es nicht geklappt hat. Ganz sicher geht es beim nächsten Mal gut! Jetzt würden Sie gern nachfragen, woran es gelegen hat – nur leider werden Sie selten eine ehrliche Auskunft bekommen. Einer der Gründe liegt im Allgemeinen Gleichstellungsgesetz (AGG), das, 2006 eingeführt, die Firmen zusätzlich verunsichert hat. Es könnte sein, dass ein abgelehnter Bewerber ein Unternehmen wegen Ungleichbehandlung verklagt. Deshalb sind viele extrem vorsichtig geworden.

Ich empfehle Ihnen dennoch, den Versuch zu starten und die Gründe für eine Absage telefonisch zu erfragen. Gerade kleinere und engagierte Unternehmen geben schon mal Auskünfte, um dem Bewerber zu helfen. Darum sollte es Ihnen auch bei einem Anruf gehen – einen Tipp zu erhalten, was Sie vielleicht noch verbessern könnten. Oft werden Sie aber erfahren, dass es nicht an Ihnen gelegen hat, sondern ein anderer einfach besser passte. Und in den meisten Fällen entspricht das absolut der Wahrheit.

Es gibt viele Gründe für Absagen, manchmal wird auch die geplante Stelle einfach nicht geschaffen oder das Bewerberprofil hat sich im Laufe der Zeit verändert. Absagen sind also ganz normal. Wenn Sie indes in mehr als vier Vorstellungsgesprächen nie in die zweite Runde gelangen, sollten Sie prüfen, ob es an Ihrem Auftritt liegt, und daran arbeiten. Denn schriftlich haben Sie schon alles richtig gemacht.

Das Adressbuch für Internetbewerbungen

Unter den vielen Jobbörsen die richtige zu finden, ist keine leichte Aufgabe, denn Google allein bringt Sie da nicht weiter. Meine Auswahl stellt Ihnen die größten und aktuellsten Suchmaschinen vor – allgemeine, branchenspezifische und regionale. Den Anfang machen die Jobsuchmaschinen. Die spielen bei der Jobsuche eine entscheidende Rolle, finden sich hier doch die Stelleninserate von gleich mehreren Stellenmärkten.

Jobsuchmaschinen

Jobsuchmaschinen sind Stellenmärkte, die andere Stellenmärkte nach Jobs durchforsten, aber keine eigenen Anzeigen veröffentlichen. Ihr Geld verdienen sie mit Werbeanzeigen, Sponsoren oder indem sie die Inserate bestimmter Unternehmen besonders hervorheben. Sie sind damit eine Art Google für Jobs, allerdings meist weniger umfangreich. Sie sind sehr nützlich, wenn Sie sich einen schnellen Überblick verschaffen möchten.

Careerjet (www.careerjet.de)

Auch eine neuere Jobsuchmaschine mit moderner Technologie und mehr als eine Million Jobs (Eigenaussage). Die hohe Anzahl kommt vor allem aber auch deshalb zustande, weil die Angebote der Bundesagentur für Arbeit integriert sind. Bei der Suche werden offensichtlich auch Kombinationen berücksichtigt (Sales-Manager, IT und Hamburg), allerdings wird dabei der gesamte Text gleichwertig durchsucht, so dass es sein kann, dass sich die Stichwörter nur verteilt im Text finden, aber nicht zusammenhängend in der Überschrift.

Icjobs (www.icjobs.de)

Eine der neuen Jobsuchmaschinen mit cleverer Suchfunktion und mehr als 800 000 Jobangeboten zum Testzeitpunkt. Das Besondere ist ein Duplikatfilter, der verhindert, dass Jobanzeigen sich wiederholen. Schließlich ist es nicht ungewöhnlich, dass Unternehmen ihre Stellenangebote gleich in mehreren Stellenbörsen schalten. Zudem können Jobs auch per RSS-Feed bestellt werden. Das heißt, dass Sie über einen speziellen Reader unmittelbar von passenden aktuellen Angeboten erfahren können. Die Suchmaschine zeigt zudem sofort beim Suchergebnis auch die Fundstelle an. Leider sind teilweise sehr viele Ergebnisse gesponsert und damit z. B. Ergebnisse der DIS AG (Zeitarbeit) vorangestellt.

Joboter (www.joboter.de)

Joboter wird von der Jobbörse Stellenmarkt.de betrieben. Er beobachtet Unternehmensstellenmärkte und „fischt" passende Jobs heraus, zum Testzeitpunkt über 100 000. Die Stellen kommen überwiegend von Personalberatungsunternehmen, weniger von Unternehmen direkt. Auf Wunsch können sich Bewerber mit einem E-Mail-Abo auf dem Laufenden halten. Die Suchmaschine ist allerdings nicht besonders fein eingestellt. Bei der Suche nach unserem Testbegriff „Sales-Manager" befanden sich z. B. auch „Junior-Sales-Manager" unter den Ergebnissen.

Jobrapido (www.jobrapido.de)

Eine der besseren Jobsuchmaschinen, die allerdings vor allem in den bekannten Stellenmärkten nach Ergebnissen „fischt" (z. B. Jobscout 24). Eingaben werden konkret berücksichtigt und Schreibweisen angepasst. Zum „Sales-Manager" findet Jobrapido etwa auch den „Salesmanager". Die Suche nach einem „Sales-Manager IT" ist möglich und reduziert die Anzahl der Ergebnisse.

Jobs.de (www.jobs.de)

Eine der älteren Jobsuchmaschinen, die auf die Suche nach dem „Sales-Manager" erstaunlicherweise einen „Event-Producer" findet. Gut ist, dass die Fundstellen deutlich angezeigt werden.

Jobturbo (www.jobs.zeit.de)

Diese Suchmaschine der *Zeit* arbeitet sich durch rund 6 000 Anzeigen. Ein guter Boebachtungsposten, vor allem für Fach- und Führungskräfte. Allerdings ist die Suche sehr schlecht. Obwohl wir die erweiterte Volltextsuche nutzten, die eine „und"-Verknüpfung berücksichtigt (das heißt, es sollen eigentlich nur Stellen gefunden werden, die alle Begriffe enthalten), beförderte der Jobturbo viel zu viele Ergebnisse. Wir suchten den „Sales-Manager" in Hamburg und bekamen „Club- und Sales-Manager" für Freizeitanlagen in Düsseldorf.

Jobworld (www.jobworld.de)

Ältere Jobsuchmaschine mit unzulänglicher Suchfunktion, aber immerhin knapp 400 000 Stellenangeboten. Der „Sales-Manager"wird zu allen möglichen Funktionen im Vertrieb. Kombination wie „Sales-Manager" und „Vertrieb" sind nicht möglich. Im Gegenteil: Die Suchmaschine fordert auf, sofort die unzulässigen Zeichen wie + zu entfernen.

Kimeta (www.kimeta)

Die junge Metasuchmaschine Kimeta ist noch ein Geheimtipp Zum Testzeitpunkt speicherte sie 100 000 Stellen. Die Ergebnisse sind konkreter, präziser und reichhaltiger als bei den anderen hier vorstellten Stellenmärkten. Dies mag mit der „künstlichen Intelligenz" in der Suchmaschine zusammenhängen, die Kimeta für sich beansprucht. Jedenfalls bekommen Sie, wenn Sie „Sales-Manager Hamburg" in

Paraphrase eingeben, auch wirklich nur passende Stellen angezeigt. Weniger ist also mehr. Außerdem lassen sich Jobs auf Teilzeit- oder Vollzeitstellen, Volontariate oder Promotionsstellen eingrenzen, zudem nach Aktualität (jünger als sieben oder ein Tag). Die jeweils letzte Suche speichert Kimeta.

Worldwidejobs (www.worldwidejobs.de)

Ein echter Oldie, der dermaßen mit Werbung zugepflastert ist, dass die Suche davon getrübt wird. Die ist nämlich gar nicht so schlecht. Jedenfalls findet man eine eingrenzende Suchmaschine vor und die Eingabe von Sales-Manager IT und Hamburg zeitigt auch einige passende Ergebnisse – leider scheint Worldwidejobs dabei vor allem das Wort IT zu verinnerlichen. Präsentiert werden nämlich alle möglichen Vertriebspositionen im IT-Umfeld.

Allgemeine Stellenbörsen

Jobs allgemein

In den letzten Jahren hat sich gezeigt, wer wirklich das Zeug hat, langfristig zu überleben. Viele allgemeine Jobbörsen mussten aufgeben, andere wurden von einem Konkurrenten übernommen – wie etwa Jobpilot, die älteste Stellenbörse von Monster. So bleiben nur noch wenige wirklich konkurrenzfähige Angebote übrig.

Arbeitsagentur SIS (www.arbeitsagentur.de)

Zweifellos der Stellenmarkt mit den meisten Angeboten. Wer sich für kleine und mittelständische Firmen interessiert, wird hier fündig. Diese scheuen die Kosten einer Anzeige auf Monster und Stepstone und veröffentlichen lieber kostenfrei bei der Agentur. Allerdings kommt die Jobbörse der Bundesagentur im Vergleich zu anderen Stellenmärkten auch nach zehn Jahren im Internet noch sehr altmodisch daher. Schwierigkeiten bei der Bedienung der Suchmaschine sind überall da zu erwarten, wo die Datenbank den eingegebenen Beruf nicht kennt. Dies gilt allerdings nicht für unseren Testberuf Sales-Manager. Nach der Eingabe fragt die Datenbank, ob wir den Fachberater für Verkauf (nein) oder den Sales-Manager meinen. Die weiteren Ergebnisse lassen sich aber nicht mehr verfeinern, sodass wir neben dem Sales-Manager auch den Vertriebsmitarbeiter angeboten bekommen.

Stellen sind teilweise sehr oberflächlich beschrieben, die (überwiegend kleinen und mittelständischen) Firmen sagen wenig oder gar nichts über sich selbst aus. Zudem gibt es offensichtlich keine Qualitätskontrolle der Arbeitsagenturen. Mir sind bereits häufig unseriöse Angebote begegnet: Unternehmen, die freie Mitarbeiter suchen, die dubiose Wellnessprodukte verkaufen sollen, zum Beispiel. Vorsicht also! Wenn Sie Zweifel an der Aktualität der Anzeige haben, sollten Sie unbedingt vorher anrufen.

Jobscout24 (www.jobscout24.de)

Jobscout24 ist eine bereits seit vielen Jahren etablierte Jobbörse, in denen sich auch viele Fachpositionen oder Ausschreibungen von mittelständischen Unternehmen finden. Die Volltextsuche ist allerdings mangelhaft: Unsere Suche nach einem „Sales-Manager" ergab etwa einen „Testmanager". Gut ist allerdings, dass Angebote sofort weiter qualifiziert werden können, zum Beispiel nach Branche oder Anstellungsarten wie Voll- und Teilzeit. Sie können bei Jobscout24 auch einen Lebenslauf eintragen, allerdings mühsam in ein vorgegebenes Formular. Jobscout24 kooperiert mit JobTV24, sodass man vor oder nach dem Suchen auch Videos schauen kann – ein netter Zusatznutzen.

Jobstairs (www.jobstairs.de)

Sie wollen nur bei Konzernen arbeiten? Hier ist die passende Jobbörse für Sie. Deutsche Telekom, Infineon, Lufthansa, Thyssen – rund 50 Großunternehmen haben sich zusammengeschlossen, um ihre Anzeigen zu publizieren. Laut Aussage der Betreiber finden sich einige der Angebote ausschließlich bei Jobstairs. Interessant für die Initiativbewerbung sind Firmen-News. Die Jobbörse hat kein Rahmenangebot wie Foren und Bewerbungstipps, aber davon gibt es ja auf anderen Seiten schon mehr als genug.

Jobware (www.jobware.de)

Jobware gehört zu den größten und ältesten Jobbörsen und fällt unter anderem durch eine sehr übersichtliche Suchgestaltung auf. Die Volltextsuchmaschine hat allerdings einige Mängel. Zu unserem Sales-Manager IT Hamburg fanden wir wieder einmal alle möglichen Positionen, nur nicht die wirklich relevanten. Positiv fällt auf, dass Angebote von Personalberatern gekennzeichnet sind. Dort steht dann „über XYZ", was bedeutet, dass der Job nicht direkt bei dieser Firma angeboten wird. Sie hat vielmehr den Suchauftrag und schaltet das Inserat. Für Studierende hat Jobware mit www.go-jobware.de ein spezielles Portal entwickelt, auf dem sich interessante Praktikumsangebote finden.

Monster (www.monster.de)

Monster ist mein persönlicher Favorit unter den allgemeinen Stellenbörsen. Zum einen ist die Volltextsuche deutlich ausgereifter als bei den anderen Angeboten.

Die Suche nach dem „Sales-Manager IT Hamburg" brachte auch entsprechende Ergebnisse. Zudem lohnt es sich bei Monster für Fachkräfte wirklich, den Lebenslauf hochzuladen – und das kann ich von einigen anderen Stellenmärkten nicht so überzeugt sagen. Dafür muss man nicht einmal endlose Felder ausfüllen, denn Monster ist der einzige Anbieter, der den Upload des eigenen Lebenslaufs zulässt. Allerdings wird dieser – bisher – anscheinend nicht ausreichend durchsucht, sodass es empfehlenswert ist, zusätzlich die Monster-eigenen Vorgaben zu erfüllen.

Die Stellen sind bunt gemischt. So finden sich sehr viele Fachkräfte, aber auch Führungskräfte bis zur Topebene und sogar gewerbliche Kräfte wie Kfz-Mechaniker. Das Rahmenangebot von Monster ist ebenfalls sehr attraktiv: Aktuelle Nachrichten und Servicetexte rund um das Thema Karriere, Beruf und Bewerbung runden das Angebot ab. Monster hat vor etwa zwei Jahren den ehemaligem Konkurrenten Jobpilot gekauft. Dieses Angebot ist auch noch unter www.jobpilot.de aktiv, wird allerdings nicht mehr aktiviert. So stammt die Bewerberdatenbank aus dem Januar 2007 – ist also vollkommen überholt. Der Klick lohnt nicht mehr!

Stepstone (www.stepstone.de)

Stepstone ist neben Monster der größte private Stellenmarkt und bereits seit vielen Jahren erfolgreich. Das Besondere an Stepstone sind verschiedene Channels, etwa finden IT-Fachkräfte unter www.stepstone.de/it ein spezialisiertes Angebot. Die Suchfunktionen sind mittel. Zunächst gilt es, den Unterschied zwischen der Volltextsuche auf der ersten Seite, der Stichwort- und der Detailsuche zu begreifen. Die interessanteste Suche für Faule, die nicht lange ankreuzen und Listen durchscrollen wollen, ist die Stichwortsuche. Hier kann man auch nach mehreren Begriffen suchen und dies auf Wunsch auch auf die Jobtitel beschränken. Die Volltextsuche auf der ersten Seite allerdings ignoriert Mehrfachnennungen. Bei unserer Testsuche nach dem „Sales-Manager IT Hamburg" berücksichtigte sie offensichtlich nur das Wort „IT". Der redaktionelle Teil ist weniger aktuell und breit angelegt als bei der Konkurrenz Monster. Stepstone hat auch keine eigene Community.

Stellenanzeigen.de (www.stellenanzeigen.de)

Das Besondere hier: Stellenangebote stammen überwiegend aus Zeitungen wie der *WAZ* oder auch dem *Südkurier*. So muss man sich die Zeitungen nicht kaufen. Allerdings sollten Sie wissen, dass nicht alle Anzeigen aus den Tageszeitungen im Internet landen, sondern nur die von jenen Anbietern, die dies explizit so wollen. Gerade die kleineren Anzeigen bleiben oft den Printmedien vorbehalten.

Stellenmarkt.de (www.stellenmarkt.de)

Einer der Oldies, der vor allem Jobangebote aus dem Mittelstand, aber auch viele internationale Stellen parat hält. Viele davon finden sich nicht bei Monster oder Stepstone, sodass es sich lohnt, auch diese Stellenbörse in die Suche einzubeziehen. Die Suchfunktionen sind übersichtlich, gut ist die Unterscheidung zwischen „Berufsfeld" und „Branche". Zudem können Sie auch mehrere Suchwörter eingeben.

Übersicht: Allgemeine Jobbörsen

Jobbörse	Zielgruppe	Daten-eingabe	Lebenslauf	Bemerkung
Monster**	Hauptsächlich kaufmännischer Bereich, gewerblich und handwerklich nur schwach vertreten	Drei Optionen: Monster-Lebenslauf anlegen, Word-Lebenslauf hochladen, Text-Lebenslauf eingeben	Auch, wenn man Word-Lebenslauf hochlädt, muss man Eckdaten eingeben, Die Formatierungen sind teilweise anders.	
Stepstone	Selbstbeschreibung: für Fach- und Führungskräfte	Mühsam	Muss händisch eingegeben werden, Uploadmöglichkeit bezieht sich nur auf Foto	Auf der Homepage ist nirgends ein eindeutiger Hinweis auf eine Registrierungsmöglichkeit zu finden (Verbirgt sich hinter „My Stepstone").
Jobware	Fach- und Führungskräfte, Hochschulabsolventen	Nicht vorgesehen	Nicht vorgesehen	
Stellenanzeigen24		Verlinkt nur auf andere Sites, kein eigentliches Portal		

Jobbörse	Zielgruppe	Daten-eingabe	Lebenslauf	Bemerkung
Stellenmarkt.de	·	Nicht vorgesehen	Nicht vorgesehen	
Jobscout24**		Sowohl Upload als auch händische Eingabe möglich		Nett: Nach Freischaltung erhält man einen Link zum kostenlosen Download eines Ratgebers „Networking – Durch gute Kontakte zum Erfolg".
yourcha	Selbstbeschreibung: jedermann	Händisch, geht zügig	Upload nicht vorgesehen	Witzige Idee: Gehaltsausgleichversicherung bei Jobwechsel über Yourcha

** Bei Upload des Lebenslaufes ohne händische Eingabe der Eckdaten wird das Profil bei der Suche eines Arbeitgebers nach speziellen Vorgaben vermutlich nicht erkannt, da die Angaben aus dem Lebenslauf offenbar nicht in aktive Felder umgewandelt werden.

Zeitarbeitsfirmen

Jobs auf Zeit sind oftmals unbeliebte Jobs. In Unternehmen gelten Zeitarbeiter als Angestellte zweiter Klasse, die fast immer deutlich weniger verdienen als die Stammbelegschaft.

Dennoch kann Zeitarbeit eine Chance sein, wenn Sie in Ihrem Ursprungsbereich nichts finden. Vielfach werden bewährte Zeitarbeiter übernommen. Manch einer sieht Zeitarbeit auch als Chance, abwechslungsreich zu arbeiten oder überhaupt erste Berufserfahrung zu erlangen. Ich stelle Ihnen drei Zeitarbeitsfirmen vor. Weitere Unternehmen finden Sie in der Lünendonk-Liste (www.luenendonk.de). Lünendonk ist eine Unternehmensberatung, die regelmäßig Rankings erstellt – darunter ein Ranking der umsatzstärksten Zeitarbeitsfirmen. Mehr Infos liefert außerdem der Bundesverband für Zeitarbeit (www.bvz.de)

Adecco (www.adecco.de)

Adecco sucht Kaufleute, aber auch zahlreiche niedriger qualifizierte Arbeitskräfte aus dem gewerblichen Sektor. Online fanden sich zum Redaktionsschluss rund 1000 Angebote.

Dis AG (www.dis-ag.com)

Eine der großen Zeitarbeitsfirmen für qualifiziertes Personal mit umfangreichem Stellenmarkt. Schwerpunkte liegen auf dem kaufmännischen Bereich und bei den Finanzen.

Manpower (www.manpower.de)

Manpower ist weltweit die Nummer eins und hat auch in Deutschland fast 70 Niederlassungen. Im Internet finden sich zahlreiche Stellenangebote, der Schwerpunkt liegt im Bereich Office sowie in kaufmännischen Berufen. Aber auch höher qualifizierte Jobs wie Ärzte oder auch Ingenieure werden angeboten. www.manpower.de

Nebenjobs

In den allgemeinen Stellenmärkten werden nur sehr vereinzelt Teilzeitstellen und Nebenbeschäftigungen angeboten. Eine Ausnahme machen einige Branchenangebote wie Hotelstellenmarkt.de. Reine Nebenjobstellenmärkte haben den Nachteil, dass sie oft ein Tummelfeld für unseriöse Anbieter sind. Schauen Sie sich die Stellen also sehr genau an, bevor Sie sich bewerben.

Jobber (www.jobber.de)

Von der Thekenkraft bis zum Researcher: Hier finden Studenten interessante Nebenjobs. Es inserieren renommierte Unternehmen wie Lufthansa und IBM. Auch Sie als Student können Gesuche aufgeben.

Unicum (www.unicum.de)

Jede Menge Jobs, vor allem Nebenjobs für Studenten. Die überwiegende Zahl der Stellen stammt aus den Bereichen Gastronomie und Hotel. Sehr gut sind die Sortierfunktionen: So lässt sich beispielsweise nach Jobs suchen, die in den letzten 24 Stunden eingegangen sind.

Lehrstellenbörsen

In den allgemeinen Stellenmärkten sowie den Branchenjobbörsen finden sich zahlreiche Lehrstellen. Doch der Markt ist größer, gerade ungewöhnliche Lehrpositionen werden hier nicht ausgeschrieben. Wer in einem Handwerksbetrieb lernen möchte, sollte sich von seiner örtlichen Handwerkskammer (www.handwerkskammer.de) Tipps geben lassen und regelmäßig Stellenangebote in Tageszeitungen lesen. Gehen Sie auch einmal bei den Meisterbetrieben Ihrer Wahl persönlich vorbei.

Adressen von Unternehmen, die Lehrstellen im kaufmännischen Bereich anbieten, hat die örtliche IHK, deren Webseite sich in der Regel unter der Adresse www.ihk.stadt.de eingemietet hat, München beispielsweise unter www.ihk.muenchen.de.

Viele Angebote kleinerer Betriebe finden sich in der Lehrstellenbörse der Bundesagentur für Arbeit.

Aubi Plus (www.aubi-plus.de)

Fast 80 000 Ausbildungsplätze im ganzen Bundesgebiet, darunter auch zahlreiche duale Angebote. Das sind Stellen, die Studium und Ausbildung kombinieren. Sie lernen in einem Unternehmen, besuchen eine private Akademie und erhalten nach drei Jahren einen kaufmännischen Abschluss und den Bachelor of Arts oder den Bachelor of Science. Die Stelleninserate liefern Webadresse und Kontaktdaten. Außerdem verraten sie, welchen Schulabschluss Sie brauchen, um sich zu bewerben.

Weitere Adressen:

- Lehrstellenbörse (www.lehrstellen-boerse.com)
- Lehrstellenbörse der Industrie- und Handelskammern (www.ihk-lehrstellenboerse.de)
- Lehrstellen im Handwerk, nur NRW (www.handwerk-nrw.de)
- Lehrstellen in der Schweiz (www.lehrstellenboerse.ch)
- Lehrstellen in Österreich (www.lehrstellenboerse.at)

Praktikumsstellenbörsen

Praktikum.de (www.praktikum.de)

Jede Menge Praktikantenstellen, davon auch einige im Ausland. Hier schalten Autokonzerne, Banken oder Maschinenbauunternehmen. Ein Forum sowie Tipps zur Praktikantenbewerbung ergänzen das Angebot.

Coolworks (www.coolworks.com)

Zwischen Abi und Uni sind ein paar Monate Zeit? Ob Fischer in Alaska, Küchenhilfe in einem US-amerikanischen Nationalpark oder Matrose auf einem Kreuzfahrtschiff: www.coolworks.com weist den Weg zu über 70 000 „coolen" Jobs in „great places". Allerdings auf Englisch.

Spirofrog (www.spirofrog)

Die Praktikumsbörse für Bewerber, die flexibel sind und gern ins Ausland wollen. Sie finden allerdings auch Inlandspraktika international ausgerichteter Firmen.

Weitere Praktikumsbörsen

- Prabo (www.prabo.de)
- Praktikanten.net (www.praktikanten.net)
- Praktika.de (www.praktika.de)
- Praktikum Online (www.praktikum-online.de)
- Schweiz: Praktikumsbörse (www.praktikumsboerse.ch)
- Österreich: Prabo (www.prabo.at)

Absolventenbörsen

Jahr für Jahr drängen rund 240 000 Absolventen in die Berufswelt. Eine riesige Menge, an die auch Unternehmen ganz spezielle Anforderungen richten – und umgekehrt. Viele Stellenmärkte bieten einen speziellen Campus-Service für Studenten. Für Studenten und Absolventen lohnt sich aber auch der Blick in eigene Angebote.

Berufsstart aktuell (www.berufsstart.de)

Die Webseiten des Klaus Resch-Verlags bieten alles, was das Studenten- und Hochschulabsolventen-Herz höher schlagen lässt. Ein Index verrät, wie es aktuell um Absolventenpositionen bestellt ist. Stellenangebote lassen sich nach Abschlussart aussuchen (Master, Diplom und Bachelor). Ein E-Mail-Abo rundet das professionelle Angebot ab.

Hobsons (www.hobsons.de) und Staufenbiel (www.staufenbiel.de)

Rund 400 Unternehmen offerieren auf diesen Portalen Absolventen und Young Professionals Stellen. Welches Unternehmen bietet Praktika und Diplomarbeiten an und wie gestaltet sich der Berufseinstieg? Hobsons gehört zum Staufenbiel-Verlag und stellt neben vielem anderen eine Datenbank bereit, die „Key Facts" für Studenten liefert. Diese lässt sich nach unterschiedlichsten Kriterien durchsuchen – auch nach der Studienfachrichtung. Ich selbst berate alle zwei Wochen im Hobsons Career Club. Schauen Sie einmal rein.

Die Angebote von Hobsons und Staufenbiel wurden bei Redaktionsschluss zusammengelegt.

Führungskräfteportale

Führungskräfte bis zur mittleren Ebene und auch mancher Geschäftsführer finden bei Monster & Co. seinen Job. Daneben haben sich aber spezielle Portale für eine obere Gehaltsklasse gebildet.

Experteer (www.experteer.de)

Mehr als 50 000 Stellen über 60.000 Euro: Wer überdurchschnittlich verdient, ist hier richtig. Zahlreiche Stellen übertreffen dabei die 100.000 Euro-Schwelle bei Weitem. Interessierte Bewerber können Mitglied werden, ein Profil einstellen und sich von Headhuntern ansprechen lassen.

Placement24 (www.placement24.de)

Das Gefunden-werden-Portal für Führungskräfte präsentiert Sie diskret fast 2 500 Headhuntern. Die Einkommen liegen zwischen 40.000 und 250.000 Euro. Die Liste der überwiegend auf Branchen spezialisierten Personaljäger lässt sich online einsehen.

Regionale Jobbörsen

Gute allgemeine und auch spezialisierte Jobbörsen bieten eine Suche nach Region an oder sortieren bundeslandspezifische Angebote per Mausklick: Sie können also aus jedem überregionalen Stellenmarkt auch zugleich regionale Angebote filtern. Deshalb konnten sich im regionalen Bereich nicht allzu viele Jobbörsen etablieren. Lokale Angebote beinhalten oftmals auch Stellen kleinerer Firmen und sind meist auf einem niedrigeren Qualifikationsniveau angesiedelt.

Meine Stadt.de

In Kooperation mit der Bundesagentur für Arbeit liefert der Stellenmarkt des Portals „meine Stadt" Inserate aus den unterschiedlichsten Kategorien – übersichtlicher geordnet als bei der Arbeitsagentur selbst. Ob Minijobs, Gelegenheitsjobs, Handwerk oder Bürotätigkeiten: In Ihrer Stadt sind die Jobs bestens sortiert. Die Entfernung zur eigenen Stadt steht jeweils dabei. Integriert ist zudem eine Lehrstellenbörse, mit allen aktuellen Stellen der Arbeitsagentur. Das Branchenbuch ist zudem eine gute Recherchebasis für Initiativbewerber. Um auf „Ihre" Stadt zu kommen, geben Sie einfach den Namen Ihrer Stadt hinter einem Slash ein (also z. B.: www.meinestadt.de/pinneberg).

Köln (www.koelner-job-stellenmarkt.de)

Eine der wenigen richtig aktiven regionalen Online-Jobbörsen und bereits seit vielen Jahren am Markt erfolgreich. Die Stellenangebote sind ein bunter Mix, darunter sind sowohl Leitungspositionen als auch Statisten. Zum Testzeitpunkt über 4 000 Angebote.

Rhein-Main-Gebiet (www.jobsintown.de)

Das Leben ist zu kurz für den falschen Job? Diese Jobbörse verspricht die besseren Jobs rund um Frankfurt. Ausgezeichnete Jobbörse für alle, die aus der Region kommen oder dort arbeiten möchten. Sehr viele Angebote, bunt gemischt aus handwerklichen und kaufmännischen Tätigkeiten. Gute Suchfunktionen.

Branchenspezifische Jobbörsen

Einige Berufsgruppen sind in den großen allgemeinen Internetjobbörsen kaum vertreten. Für sie existieren berufsgruppenspezifische Angebote. Wenn Sie in einem Umfeld arbeiten, in dem es auf Branchenerfahrung ankommt, lohnt sich ein Ausflug in diese kleinen, feinen Stellenmärkte unbedingt.

Bei Berufstätigen, die ein tiefgehendes Branchenwissen haben, empfiehlt es sich, das Gesuch in einem branchenspezifischen Stellenmarkt zu schalten. Jede Branche besitzt mindestens ein spezielles Organ, das auch von Entscheidern gelesen wird, etwa die *Textilwirtschaft* (www. twnetwork.de) für die Textilbranche, die *Lebensmittelzeitung* (www. lebensmittelzeitung.de) für Nahrungs- und Genussmittel und *Autohaus* (www.autohaus.de) für die Automobilbranche, speziell Autohäuser.

Fast alle Branchenmedien besitzen eine eigene Internetpräsenz und ganz überwiegend ist sowohl in der Printausgabe als auch im Web eine Jobbörse integriert. Eine Übersicht über diese Organe und ihre Internetvertretungen haben Sie bereits im Adressbuch erhalten.

Oft ist eine Veröffentlichung im Internet an die Publikation im gedruckten Werk gekoppelt und kostenpflichtig. Das macht aber nichts – doppelt trifft besser, Ihre Chancen die Richtigen zu erreichen, steigen. Fast immer findet die gedruckte Ausgabe mehr Beachtung.

Entscheidungskriterien für den richtigen Branchenstellenmarkt
- Bietet das Magazin beziehungsweise seine Website das größte und bekannteste Angebot der Branche?
- Lesen Entscheider aus der Branche diese Zeitschrift oder schauen sie regelmäßig in das dazugehörige Online-Angebot?
- Sind aktuelle Gesuche von branchenbezogenen Bewerbern zu finden?

Betonen Sie Ihre Soft Skills – Fachkompetenz ist nicht alles. In vielen Jobs zählt Persönlichkeit mehr als Fachkenntnisse. Oder anders ausgedrückt: Hier geht es um Know-how statt um Know-what.

Bei den Unternehmen besonders gerne gesehen sind Kommunikationsfähigkeit, Teamfähigkeit, Lernbereitschaft und Flexibilität – in dieser Reihenfolge. Vermeiden Sie es, bei der Formulierung Ihrer Anzeige, Begriffe einfach in den Raum zu stellen, füllen Sie diese mit Inhalt. Zudem sollten Sie es mit den „-keiten", „-täten" und „-schaften" nicht übertreiben, das erscheint schnell unglaubwürdig.

Es wirkt „abgeschrieben", wenn jemand einfach nur Adjektive aneinanderreiht, die zwar das beschreiben, was Unternehmen wünschen, aber auch von jedem Bewerber so in Anspruch genommen werden können. Wenn in jeder Bewerbung „was mich sonst noch auszeichnet, sind Flexibilität und Teamfähigkeit" steht, zeichnet die Bewerbung gar nichts mehr aus.

Auto

Autohaus (www.autohaus.de)

Die Internetpräsenz der Zeitschrift besitzt einen Stellenmarkt und interessante Diskussionsforen. Zielgruppe sind Autohäuser und Werkstätten. Entsprechend sind hier Kfz-Mechaniker, Sales-Manager oder Autohausgeschäftsführer gesucht – durchaus aber auch einmal ein Pressesprecher oder eine Bürokraft.

Biologie, Chemie, Physik

Biokarriere (www.biokarriere.net)

Ob Pharmaberater, wissenschaftlicher Mitarbeiter oder Sales-Manager: Hier gibt es zahlreiche hochkarätige Stellen von Branchengrößen aus dem Pharma- und Biologieumfeld wie La Roche. Zusätzlich lockt die Seite mit Karriereinformationen und der Möglichkeit, Stellengesuche einzugeben. Gut für die Recherche sind die Firmenprofile.

Chemiekarriere (www.chemiekarriere.net)

Dieser Stellenmarkt lockt unter anderem promovierte Chemiker. Diese Jobbörse stammt vom selben Anbieter wie *Biokarriere* und ist ein komplettes Karrieremagazin für die Branche. Selbstverständlich können Sie auch ein Gesuch aufgeben.

Entwicklungshilfe und internationale Zusammenarbeit

GTZ (www.gtz.de)

Die Gesellschaft für technische Zusammenarbeit ist eine zentrale Plattform für hochqualifizierte Fachkräfte des Ingenieurswesens und der Naturwissenschaften, die sich zeitweise im Ausland engagieren wollen.

DED (www.ded.de)

Eigene Angebote hat der Deutsche Entwicklungshilfedienst eher wenig – dafür gibt es eine Seite mit externen Links zu allen möglichen Nichtregierungsorganisationen und Verbänden, die sich in der Entwicklungshilfe engagieren. Darunter finden sich auch die Stellenbörsen einiger Unternehmensberatungen, die in der Entwicklungszusammenarbeit aktiv sind.

Gastronomie und Touristik

Hotelstellen (www.hotelstellenmarkt.de)

Vom Tellerwäscher zum Hotelmanager: Viele renommierte Hotels, Hotelketten und gastronomische Einrichtungen bieten ihre Stellen hier an.

Hotel Career (www.hotel-career.de)

Die Topbörse der Branche mit den meisten Angeboten – zum Testzeitpunkt waren es über 4 000. Hier trifft sich die Crème de la Crème der Branche, von Marriott bis Hilton. Die Stellen sind dabei so vielfältig wie es die Jobs in der Branche sind.

Oscar's Jobguide (www.oscars.li)

Jobs auf der ganzen Welt: Vom Chef de Rang bis zum Barkeeper wird alles gesucht – auch in Touristengebieten. Die Angebote werden nach Anbieter/Hotel aufgeführt.

Grüne Jobs

Grüner Stellenmarkt (www.gruener-stellenmarkt.de)

Alles, was grün ist: In dieser Jobbörse finden Floristen, Gärtner und andere „Grüne" ihre Stellen.

Greenjobs (www.greenjobs.de)

Nicht der grüne Daumen ist hier gefragt, sondern Umweltbewusstsein. Dann ist es egal, aus welchem Beruf Sie kommen. Greenjobs sucht Ingenieure genauso wie Justiziare oder auch Logistiker. Stellenanbieter sind das Bundesamt für Naturschutz, aber auch Wirtschaftsunternehmen. Kurzum: der Stellenmarkt für idealistisch geprägte Bewerber, die sich für sinnvolle Aufgaben in gesellschaftlich relevanten Themengebieten bewerben möchten, von Tierschutz über Garten bis zu Windenergie.

Lebensmittel

Lebensmitteljob (www.lebensmitteljob.de)

Bäcker, Konditoren oder Lebensmitteltechniker: Auf dieser von einem Lebensmittelingenieur betriebenen Website findet sich ein bunter Strauß von etwas 400 Jobangeboten. Jobsuchende können auch ein Stellengesuch schalten.

Lebensmittelzeitung (www.lebensmittelzeitung.de)

Schön unterteilt nach „Food" (Lebensmittel) und „Non-Food" (Nichtlebensmittel) finden sich hier die besten Jobs der Branche. Diese sind zuvor in der *Lebensmittelzeitung* erschienen, der Branchenpostille.

Gesundheit

Ärzteblatt (www.aerzteblatt.de)

Mehr als 1200 Stellen – darunter reine Online-Stellenangebote und Anzeigen aus den letzten sechs Wochen der Printausgabe des *Ärzteblatts*, das Marktführer in diesem Fach ist. Ob Anatomie oder Urologie – hier wird vom Assistenzarzt bis zum Chefarzt alles gesucht. Außerdem werden Praxisabgaben und Praxisgesuche annonciert.

Health Job (www.health-job.net)

Stellen in der Gesundheitsbranche: Hier sind medizinisch geschulte und interessierte Menschen vom Arzt bis zur Sekretärin gesucht. Eine Mailingliste hält Sie auf dem Laufenden. Auftraggeber sind das Deutsche Rote Kreuz oder auch die Barmer Krankenkasse.

Jobcenter Medizin (http://jobcenter-medizin.de)

Ärzte sind gesucht – beispielsweise in diesem Portal. Auch eine gute Anlaufstelle für Ärzte, die es ins Ausland zieht. Bewerber können sich ein Profil anlegen und sich passende Jobs per E-Mail zuschicken lassen.

Ärzte-Stellenbörse (www.aerzte-stellenboerse.de)

Einige wenige aktuelle Stellen, aber einen Klick und einen Blick ist diese Stellenbörse schon wert, jedoch eher als Ergänzung zum Jobcenter Medizin.

Medizinische Berufe (www.medizinische-berufe.de)

Viele Stellen für alle, die in der Medizinbranche arbeiten. Echtes Manko ist allerdings, dass die Jobs kein Datum enthalten. Deshalb rate ich: Rufen Sie an, bevor Sie sich bewerben.

Jobs Doccheck (http://jobs.doccheck.com)

Jede Menge und vor allem aktuelle Stellen: Mediziner haben es gut, für sie gibt es einfach nicht nur viele offene Stellen, sondern auch viele Fundorte dafür. Eventuell lohnt sich auch ein Klick ins Forum, denn dort sucht auch der eine oder andere händeringend nach medizinischem Personal.

Medizin Stellenanzeigen.de (http://medizin.stellenanzeigen.de)

Dieses Spezialportal für Jobangebote im Gesundheitswesen gehört zur allgemeinen Stellenbörse Stellenanzeigen.de. Gesucht werden neben Ärzten auch Krankenschwestern und Zahntechniker. Die Jobs lassen sich per Mail bestellen. Und wer will, lädt einen Lebenslauf hoch, um zu testen, ob dies potenzielle Arbeitgeber anlockt.

Ingenieure und Technik

Ingenieurkarriere (www.ingenieurkarriere.de)

Die Jobbörse der *VDI Nachrichten*, des bekanntesten Branchenblatts (und Verbands). Viele Positionen für Hochqualifizierte und Führungskräfte, auch für Topmanager. Dazu gibt es ein umfassendes Beratungs- und Informationsangebot.

Ingenieurweb (www.ingenieurweb.de)

Die Website sieht zwar furchtbar altmodisch aus, aber dafür sind die Stellenanzeigen aktuell und auch zahlreich. Reinzuklicken lohnt sich also.

Ingenieur24 (www.ingenieur24.de)

Portal für die beliebtesten Bewerber – Ingenieure. Hier finden sich allerdings auch Stellen für weniger begehrte Diplomingenieurgruppen, etwa jene der Fachrichtungen Bau und Architektur.

Sie sind Ingenieur? Besuchen Sie außerdem die Portale www.ingenieure.stepstone.de und http://ingenieure.stellenanzeigen.de/

Informationstechnologie und Telekommunikation

Computerwoche (http://stellenmarkt.computerwoche.de)

Die Online-Ausgabe der Fachzeitschrift bietet ausgewählte Angebote für hochqualifizierte Spezialisten im Bereich EDV, IT und Telekommunikation. Auch Hochschulprofessuren werden veröffentlicht. *Computerwoche* kooperiert mit Stepstone IT, also dem eigenen IT-Channel der allgemeinen Jobbörse Stepstone, die sich in anderem Layout auch unter www.stepstone.de/it findet.

Heise Online (www.heise.de/stema)

Heise, der Verlag hinter der Fachzeitschrift c't, ist eine der ersten Adressen, wenn es um IT-News geht. Auch die Stellenbörse kann sich sehen lassen. Hier wird überwiegend nach hochqualifizierten Bewerbern gesucht – auch in der Schweiz.

IT-Treff (www.it-treff.de)

Spezialisierte Jobbörse für ITler aller Art. Der Klick lohnt sich, da Stellen aktuell sind und sich oft nur in diesem Portal finden.

IT-Arbeitsmarkt (www.it-arbeitsmarkt.de)

Der Stellenmarkt sieht ein wenig nach Arbeitsamt aus, die hier präsentierten Stellen sind aber weit weniger trist als das Design. Interessant ist vor allem, dass sich viele Jobs anderswo nicht finden. Die Stellen stammen oft von kleineren Unternehmen.

Im IT-Bereich arbeiten viele Freiberufler, die in Projekten ihr Geld verdienen. Solche Projektangebote für drei, sechs oder 12 Monate finden sich auf folgenden Seiten:

- Gulp.de (www.gulp.de)
- Resoom (www.resoom.de)
- Freelancermap (www.freelancermap.de)
- Projektwerk (www.projektwerk.de)
- IT-Ausschreibung (www.it-ausschreibung.de)
- Job-Box (www.job-box.ch)

Berücksichtigen Sie auch das Stepstone-Portal www.it-jobs.stepstone.de.

Jura

Advo Career (www.advocareer.de)

Diese von Jobware generierte Jobbörse richtet sich an Juristen und Rechtsanwälte. Aber auch der eine oder andere Betriebswirtschaftler wird hier gesucht. Die rund 80 Angebote zum Testzeitpunkt wirken mager im Vergleich zu den Angeboten für Informationstechniker und Ingenieure und zeigen, dass Juristen auch schon bessere Zeiten gesehen haben.

Beck Stellenmarkt (www.beck-stellenmarkt.de)

Stellenmarkt des juristischen Fachverlags Beck. Interessante Angebote auch für Juristen aus der Wirtschaft.

Karriere Jura (www.karriere-jura.de)

Das Design scheint aus uralten Internetzeiten zu stammen, doch die Jobs sind neu. Hier werden vor allem Rechtsanwälte von Kanzleien gesucht. Auch die Aufgabe eines Stellengesuchs ist möglich.

Kultur

Kultur-Stellenmarkt (www.kultur-stellenmarkt.de)

Die erste (und einzige umfangreiche) Anlaufstelle für alle, die im Kulturbereich arbeiten und sich auf die wenigen Stellen bewerben möchten. Ob Fachkraft für das Kulturreferat oder Intendant: Wer aus der Kultur kommt, findet hier die passenden Jobs.

Theaterjobs (www.theaterjobs.de)

Jobs am Theater sind so beliebt, dass der Anbieter dieser erfolgreichen Stellenbörse sich eine Gebühr für die Nutzung leisten kann. Wer einen der raren Jobs ergattern möchte, zahlt die 33 Euro im Jahr gern.

Music Jobs (http://music-jobs.crew4you.net)

Musiker, hier sind die Angebote, die in euren Ohren klingen. Ob Klassik oder Pop ist dabei zweitrangig. Unbezahlte Jobs (die gibt es auch) werden extra angezeigt.

Landwirtschaft

Landjobs (www.landjobs.de)
Vom Schweinefachmann bis zum Gemüsehändler: Hier treffen sich Bewerber, die vom Landleben magisch angezogen werden.

Top Agrar (www.topagrar.com)
Auch eine Karriereberaterin wie ich ist manchmal überrascht, welche Berufe es gibt. Der Herdenmanager etwa war mir neu. Solche und andere Jobs gibt es hier. Die Jobbörse der Zeitschrift bietet Stellen z. B. für Agraringenieure, aber auch für Gemüsegärtner und Berater. Die Annoncen sind zuvor in der Zeitschrift erschienen.

Bildungsserver
Agrar (www.bildungsserver-agrar.de/stellenmarkt)
Zahlreiche Angebote aus dem Agrarbereich, überwiegend von Institutionen und im wissenschaftlichen Bereich von Universitäten.

Medizin und Pharma

Adexa Apothekengewerkschaft (www.adexa-online.de)
Die Apothekengewerkschaft veröffentlicht Stellenangebote in Apotheken. Sehr viele Jobs gibt es in der Branche anscheinend jedoch nicht.

Pharma-Jobs (www.pharma-jobs.de)
Viel Geld verdienen, wenig arbeiten: Das ist das Image der Pharmabranche. Insofern zweifellos eine attraktive Branche für Berufseinsteiger etwa ins Marketing.

Multimedia und Film

Medienhandbuch (www.medienhandbuch.de)

Nun ja, hier dominieren die Praktikantenstellen. Doch wer zum Film will (der kaum mehr vom Internet trennbar ist), muss viele Opfer bringen und reichlich un- oder schlecht bezahlte Praktika in Kauf nehmen. Das Medienhandbuch ist die Anlaufstelle für Redakteure, Texter, Grafiker und andere Kreative, die einen Einstiegsjob oder mehr suchen. Manchmal finden sich im Medienhandbuch auch witzige Nebenjobs wie ein „Quizfragenschreiber".

Multimedia (www.multimedia.de)

Für Mediengestalter und Kollegen eine der ersten Plattformen im Internet. Rund 60 Angebote locken Menschen aus der Multimediabranche – Screendesigner oder Projektleiter zum Beispiel. Manch einer sucht auch einfach nur einen Geschäftspartner. Gutes Zusatzangebot mit Foren, News und so weiter.

PR und Journalismus

Newsroom (www.newsroom.de und www.newsroom.at)

Es gibt nichts Besseres, wenn Sie rund um PR und Redaktion suchen. Das Portal publiziert und verschickt Anzeigen, die aus verschiedenen Quellen gesammelt und für die Zielgruppe der Medienberufe zusammengestellt werden. Wer es ganz aktuell möchte, muss dafür jedoch zahlen. Ein paar Tage zu warten, macht allerdings wenig Unterschied – über die Besetzung von Posten wird schließlich selten über Nacht entschieden.

PR-Journal (http://jobs.pr-journal.de/)

Die Jobbörse von Pfeffers PR-Journal hat zwar nur eine Handvoll, dafür aber immer brandaktuelle Stellen, überwiegend von Behörden und Agenturen.

Journalist (www.journalist.de)

Das Online-Angebot des DJV (Deutscher Journalistenverbund) sieht immer noch aus wie vor zehn Jahren. Es bringt die Anzeigen der Printausgabe schon vor Veröffentlichung – allerdings nur von Mitgliedern abrufbar. Klassische Stellen in Redaktionen sowie Pressestellen von Unternehmen und öffentlichen Einrichtungen.

Journalismus.com (www.journalismus.com)

Stellen werden hier in Foren „gepostet" – Vorsicht, nicht antworten, sondern eine E-Mail schreiben. Das zentrale Portal zieht eher kleinere Anbieter als große Redaktionen an. Darunter sind leider einige notorische Nicht-oder Schlechtzahler.

Personalberatungen

Kienbaum (www.kienbaum)

Die bekanntest deutsche Personalberatung hat auch Stellenangebote direkt auf ihrer Homepage. Aus fast jeder Branche ist etwas dabei, der Schwerpunkt liegt auf Fach- und Führungskräften.

Michael Page (www.michaelpage.de)

Eine weltweit aktive Personalberatung, die unter anderem eine ideale Anlaufstelle für Ingenieure, für den Bereich Financial/Controlling sowie für Marketing- und Vertriebsspezialisten bietet. Sehr guter Internetauftritt. Bewerber können ihren Lebenslauf online einreichen.

Weitere Adressen:

- Get-Ahead (www.get-ahead.de): IT, Finanzen, Controlling ab erster Ebene (Teamleiter) und Fachkraft
- Heidrick-Struggles (www.heidrick.de): Headhunter für die Managerebene

Öffentlicher Dienst

Bund (www.bund.de)

Bewerben in der öffentlichen Verwaltung ist anders – formeller. In diesem Portal finden Sie offizielle Behördenstellen aus der gesamten Bundesrepublik, unter anderem bei Ministerien. Alle Qualifikations- und TVöD (also Tarif für den Öffentlichen Dienst)-Gehaltstufen. Per E-Mail-Abo kann man sich regelmäßig aktuelle Jobausschreibungen zuschicken lassen.

Stellenblatt (www.stellenblatt.de)

Per Klick auf die Karte der Bundesrepublik können Sie hier Stellen aus den einzelnen Bundesländern aufrufen – sicher nicht vollständig, doch recht unfangreich. Vom Stadtplaner bis zum Buchhalter ist alles dabei.

Soziales und Psychologie

Carelounge (www.carelounge.de)

Ob Mitarbeiter in der Drogenhilfe oder Jugendbetreuer: Hier finden Pädagogen und Sozialarbeiter Jobs im institutionellen Bereich, aber auch bei Privateinrichtungen. Sie können zudem selbst ein Stellengesuch aufgeben, das prominent auf der Startseite der Jobbörse platziert wird.

Psychjob (www.hogrefe.de/PsychJob/index.html)

Psychologen werden bei Hogrefe fündig. Die Jobbörse bietet der Verlag gemeinsam mit der Deutschen Gesellschaft für Psychologie an. Es finden sich viele Stellen in der wissenschaftlichen Mitarbeit oder Projektarbeit. Wirtschaftsunternehmen suchen Psychologen eher über die klassischen Jobbörsen wie Monster und Stepstone. Ein E-Mail-Abo gibt es auch, außerdem können Sie ein Stellengesuch aufgeben.

Job Sozial (www.job-sozial.de)

Fast 400 Jobs, davon einige freiberufliche. Diese umfangreiche, aktuelle und spezialisierte Jobbörse lockt Sozialarbeiter, Sozialpädagogen, Erzieher oder Lerntherapeuten. Die Angebote werden auch über die Meta-Jobsuchmaschine Kimeta gefunden. Gut: Die Angebote sind mit einer Gültigkeit (gültig bis) versehen.

Textilwirtschaft, Mode und Design

Fashion Base (www.fashion-base.de)

Textilprofis unter sich. Fashion Base ist ein Modeportal und bietet Infos rund um das Thema. Dazu gibt es einige Stelleninserate im Stellenmarkt, die sich an Bekleidungstechniker, Modedesigner und andere Berufsgruppen aus der Textilwirtschaft richten.

Fashionunited (www.fashionunited.de)

Eine wichtige Anlaufstelle für alle Bewerber aus der Mode- und Textilbranche. In diesem Stellenmarkt inserieren die Größen der Branche und suchen nach Schnittdirectricen, Einkäufern, freien Handelsvertretern und Store-Managern. Auch Stellen im Ausland werden angeboten.

Textination (www.textination.de)

Der Stellenmarkt dieser Jobbörse wird aus den Anzeigen der Bundesagentur für Arbeit gespeist. Doch während man dort lange nach branchenspezifischen Stellen sucht, werden diese hier sofort und übersichtlich präsentiert. Das Portal der Textilbranche bietet außerdem einigen Zusatznutzen: Berufsbilder, Informationen sowie Lehrstellenangebote und Praktikantenstellen. Absolventen können ihr Profil einstellen und sich von Arbeitgebern suchen lassen. Nachrichten aus der Branche sind ideal zur Vorbereitung der Initiativbewerbungsstrategie.

Textilwirtschafts-Network (www.twnetwork.de)

Die bekannteste Jobbörse der Textilbranche und erste Anlaufstelle für alle, die mit Textilien zu tun haben – ob im Bereich Produktion, Entwurf oder Marketing. Umfassendes Zusatzangebot und viele Infos. Die Anzeigen stammen aus der Zeitschrift *Textilwirtschaft*, landen damit etwas zeitverzögert im Netz.

Werbung und Marketing

Werben & Verkaufen (www.wuv.de)

Werber lesen die *W&V* – und dies ist das Internetportal zur Zeitschrift. Die Jobbörse richtet sich an Fachleute aus den Bereichen Kontakt, Anzeigenverkauf, Marketing, PR, Online und Multimedia. Die übersichtliche Suche macht es einfach, spezielle Jobs nach Region und Branche zu suchen.

Horizont.net (www.horizont.net)

Die Konkurrenz der großen *W&V* hat das übersichtlichere Jobangebot mit den besseren Suchfunktionen. Hier inserieren Agenturen, Unternehmen und Medien auf der Jagd nach kreativen Köpfen.

Werbeagentur (www.werbeagentur.de)

Sie möchten Kleindarsteller werden? Kein Problem, hier suchen die Produktionsfirmen auch Laienschauspieler. Dazu Models, Tänzer, Visagisten, Kreative, aber auch Programmierer – eben Leute, die die Werbebranche braucht. Sehr gute Basis für die Initiativbewerbung, da das Portal auch zahllose Adressen zur Verfügung stellt. Zudem gibt es hier eine super Übersicht über die verschiedenen Branchenverbände.

Verlagswesen

Agentur Doerrich (www.agentur-doerrich.de)

Die in Buchbach ansässige führende Agentur für Personalvermittlung in der Buchhandels- und Verlagsbrache mit nach eigenen Angaben 1 400 registrierten Stellensuchenden. Für die Aufnahme in den Bewerberpool wird Berufserfahrung vorausgesetzt. Die Buchbranche veröffentlicht kaum Stellen und insbesondere die bei Geisteswissenschaftlern beliebten Jobs im Lektorat werden oft ausschließlich auf diesem Wege besetzt.

Börsenblatt (www.boersenblatt.net)

Das vom Börsenverein des deutschen Buchhandels herausgegebene *Börsenblatt* erscheint wöchentlich. Im Stellenmarkt finden Lektoren, Layouter, Vertriebler und Assistenten jene Jobs, die nicht ausschließlich über Personalberater vermittelt werden oder nur auf der Website der Verlage selbst ausgeschrieben sind.

Verlagsjobs (www.verlagsjobs.de)

Die Jobbörse der auf die Verlagswelt spezialisierten Personalberatung Stähler & Partner aus Leichlingen.

Hilfreiche Adressen

Unter den folgenden Adressen erhalten Sie Hilfe bei der Internetbewerbung.

Arbeitgeberrecherche

- Adcoach (www.adcoach.de): Die wichtigsten Arbeitgeber in der Werbung finden Sie hier in einem kostenlosen E-Book.
- Werzuwem (www.werzuwem.de): ideal für die schnelle und branchenbezogene Adressrecherche

Arbeitgeberbewertung

- Kununu (www.kununu.com): Hier können Sie einsehen, wie Mitarbeiter bestimmte Unternehmen bewertet haben, und sich ein Bild von der Firma machen.

Bewerbungsmuster

- Gruenderreports (www.gruenderreports.de): In diesem Portal von mir können Sie unter anderem Bewerbungsmuster kaufen.

Sprachtests

- Carpe diem (www.carpe.de): Hier können Sie Ihre Sprachkenntnisse für vier Sprachen einstufen lassen.
- Sprachcaffe (www.sprachcaffe.de): Auf dieser Seite absolvieren Sie Sprachtests in bis zu sechs verschiedenen Sprachen.
- Wiwi-Treff (www.wiwi-treff.de): Die Site testet Sie in Englisch und Französisch.

Gehalt

- Gehaltscheck (www.gehaltscheck.de): Hier vergleichen Sie Ihr Gehalt mit dem anderer aus Ihrer Berufsgruppe.
- Personalmarkt (www.personalmarkt.de): Studien und Anbebote rund ums Gehalt.

FAQ: Die wichtigsten Fragen und Antworten

Im Folgenden beantworte ich die in meiner Beratungspraxis immer wieder gestellten Fragen rund um die Bewerbung im Internet.

1. Wie verbreitet sind Online- und E-Mail-Bewerbungen?

Aktuellen Studien zufolge stirbt die Bewerbung per Post aus. So hat das Unternehmen Stepstone in einer repräsentativen Umfrage ermittelt, dass sich nur noch 22 Prozent der Befragten per Post bewerben, 13 Prozent nutzen ein Online-Formular. Dabei ist allerdings zu bedenken, dass Stepstone nach den Gewohnheiten der Bewerber fragt und nicht nach den Wünschen der Unternehmen. Die Konzerne geben der Online-Bewerbung den Vorzug, mittelständische Unternehmen der E-Mail.

2. Wann ist der beste Zeitpunkt, um meine Bewerbungsunterlagen zu verschicken?

Die meisten E-Mails werden am Wochenende geschickt und kommen montags an – ob Newsletter oder Bewerbung. Montagmorgen hat der Personal- oder Fachverantwortliche damit meist sehr viel elektronische Post abzuarbeiten. Gegen Mitte oder Ende der Woche können Sie mit etwas mehr Aufmerksamkeit rechnen. Den Zeitpunkt, zu dem Sie Bewerbungen per E-Mail herausschicken, können Sie übrigens nicht verschweigen! Dem Personalverantwortlichen fällt es auf, wenn Sie nachts um zwei noch am PC sitzen. Das kann nach großem Engagement aussehen, aber auch nach dem Typus „Nachtschwärmer". Der Personaler wird auch bemerken, dass Sie während Ihrer Arbeitszeit aktiv waren – und das vielleicht nicht unbedingt schätzen. Überlegen Sie sich also gut, was Sie wann tun. Mein Tipp: Sind Sie berufstätig schicken Sie Ihre Bewerbung am besten abends oder früh morgens. Und nutzen Sie dabei bitte nie die E-Mail-Adresse Ihres derzeitigen Arbeitgebers. Das kommt mit Sicherheit schlecht an.

3. Was gehört in eine Bewerbung?

Die Normalausstattung sieht so aus: Lebenslauf mit integriertem Foto, ein Anschreiben und Zeugnisse. Eine Kurzbewerbung besteht nur aus Lebenslauf und Anschreiben. Das alles senden Sie als ein einziges PDF. Eine Kurzform des Anschreibens setzen Sie zusätzlich in den Text der E-Mail, darunter Ihre Signatur. Es gibt allerdings einen Trend gegen die Bewerbung mit Foto. Derzeit ist nicht abzusehen, ob er sich durchsetzen wird. Bis dahin: Lieber mit!

4. Gibt es eine Bewerbungsnorm?

Niemand ist verpflichtet, sich an formale oder inhaltliche Regeln zu halten. Es gibt aber ein ungeschriebenes Bewerbungsgesetz, nach dem Bewerbungen aus den unter Frage 2 genannten Elementen bestehen sollten. Lebensläufe sollten lückenlos und neuerdings am besten rückwärts chronologisch sein, also mit der aktuellen Position beginnen. Der Aufbau des Anschreibens (PDF) orientiert sich an der Briefnorm DIN-5008, deren wichtigste Elemente ich in diesem Buch ab Seite 87 vorstelle.

5. Soll ich wirklich immer versuchen, den Namen des Ansprechpartners herauszufinden?

Nicht immer und schon gar nicht um jeden Preis. Ein Gespräch vorab kann nie schaden, auch wenn der Personaler am Ende der Leitung lieber seine Ruhe haben möchte … In großen Unternehmen und als Nicht-Führungsperson erreichen Sie jedoch meist nur die Personalabteilung, ein Gespräch bringt Sie nicht weiter und einen Namen im

Anschreiben zu nennen bringt Ihnen nichts, weil ohnehin verschiedene Personen die Bewerbung bearbeiten. Bei Behörden kann die Namensnennung sogar schädlich sein, da ein Gremium über die Bewerberauswahl wacht.

In kleineren Unternehmen haben Sie grundsätzlich bessere Chancen, einen Fachverantwortlichen ans Telefon zu bekommen. Diese Gelegenheit sollten Sie nutzen. Wenn diese Person dann Ihren Namen im Anschreiben liest, fühlt sie sich direkter angesprochen. Und das ist gut so. So ähnlich wie auch Ihnen sehr wahrscheinlich ein Brief besser gefällt, in dem Sie direkt mit Herr/Frau Soundso angesprochen werden.

6. Soll ich Gehaltsvorstellungen nennen?

Wenn Sie explizit dazu aufgefordert worden sind, ist das am besten. Sie müssen sich aber nicht festlegen. Eine Kompromisslösung kann darin liegen, das alte Gehalt oder eine Spanne zu nennen. Oder etwas in dieser Richtung zu formulieren: „Dieser Job wäre für mich der größte Gewinn. Über mein Gehalt spreche ich deshalb lieber persönlich mit Ihnen." Die Spanne erklären Sie mit den Rahmenbedingungen, über die Sie erst mehr erfahren möchten. „Abhängig von den weiteren Rahmenbedingungen wünsche ich mir ein Gehalt zwischen 35.000 und 38.000 Euro brutto im Jahr." Bei der Online-Formularbewerbung wird bisweilen eine genaue Zahl verlangt. Bilden Sie in dem Fall einen Mittelwert.

7. Wie sieht eine Kurzbewerbung aus?

Meistens verstehen Unternehmen darunter einen Lebenslauf mit Anschreiben. Falls Sie unsicher sind, was der Arbeitgeber unter „Kurzbewerbung" versteht, fragen Sie nach oder versichern Sie sich auf andere Weise. Beispiel: „Ich werde Ihnen dann einen Lebenslauf mit kurzem Anschreiben per E-Mail schicken. Geht das in Ordnung?"

8. Wann muss ich mich auf Englisch bewerben?

Nur, wenn die Anzeige auch auf Englisch ist oder dies in einer deutschsprachigen Anzeige gefordert ist („Bewerbungen bitte auf Englisch"). Bewerben Sie sich mit einer englischen Übersetzung, aber im deutschen Stil, wenn Sie sich bei einem deutschen Unternehmen vorstellen. Bewerben Sie sich in den USA oder Großbritannien, sollten Sie auch Ihren Lebenslauf den dortigen Gewohnheiten entsprechend anpassen. So nennen beispielsweise schon Absolventen „selected achievements" (ausgewählte Erfolge), angloamerikanische Beschreibungen sind erheblich werblicher. Bei Staufenbiel (www.staufenbiel. de) finden Sie umfassende Informationen zum Aufbau und Inhalt eines „echt" englischen Lebenslaufes. Ein Kompromiss bietet der europäische Lebenslauf (unter http://europass.cedefop.europa.eu). Doch Vorsicht: Der Lebenslauf ist zwar eine Erfindung der Europäischen Union, hat sich aber wie so manches, das von „oben" angestoßen wurde, nie auf breiter Basis durchgesetzt.

9. Soll ich nach einem Vorstellungsgespräch noch einmal nachfassen und wenn ja, wie?

Je nach Gesprächsverlauf empfiehlt sich das durchaus – es ist aber nicht zwingend. Sinnvoll ist es beispielsweise, wenn Ihre Gesprächspartner Sie gebeten haben, noch einmal über Ihre Bewerbung nachzudenken. Bekunden Sie Ihr Interesse, nachdem Sie eine Nacht darüber geschlafen haben. Manchmal ist es auch eine höfliche Geste, sich einfach für das nette Gespräch zu bedanken. Am besten geht das persönlich, aber auch eine E-Mail kann wirkungsvoll sein. Klären Sie schon im Vorstellungsgespräch, wer Ihre Ansprechpartner für weitere

Fragen sind. Achten Sie dann darauf, dass Sie keinen der Gesprächspartner oder keine Hierarchieebene übergehen. Informationen oder im Nachhinein überarbeitete Lebensläufe einzureichen, wirkt hingegen unprofessionell.

10. Wie laden Unternehmen zu Vorstellungsgesprächen ein?

Sehr häufig werden Sie einfach einen Brief und immer öfter eine E-Mail mit einem Termin erhalten. Falls Sie eine webbasierte Freemail wie Gmx oder Web.de nutzen, sollten Sie deshalb dafür sorgen, dass Ihr Postfach genügend Speicherkapazität hat. Auch Anrufe sind üblich – ebenso wie telefonische Vor-Vorstellungsgespräche, mit denen das Unternehmen Kosten spart. Terminvorschläge sollten Sie immer mündlich oder schriftlich bestätigen. Fragen Sie, wer am Gespräch teilnimmt, wenn dies nicht aus der Einladung hervorgeht. Das hilft Ihnen bei der Vorbereitung.

11. Darf ich mich mehrmals bewerben?

Bei größeren Unternehmen ist das normal und gewünscht. Es gibt allerdings Unternehmen, die Bewerber sperren, wenn sie einmal durch ein Assessment-Center gefallen sind. Wenn Sie gesperrt sind oder Ihre Bewerbung unerwünscht ist, wird man es Ihnen sagen. Ich jedenfalls kenne einige Bewerber, die erst beim fünften oder sechsten Mal eingeladen worden sind. Hartnäckigkeit zahlt sich aus.

12. Woran erkenne ich, ob ein Unternehmen die Bewerbung als E-Mail wünscht?

Manchmal werden Sie explizit zum E-Mail-Versand aufgefordert, mitunter stehen aber E-Mail, Online-Bewerbungsformular und Postadresse in einer Anzeige. Bei Konzernen und Großunternehmen wird klar das Online-Formular bevorzugt, kleine und mittlere Unternehmen geben sehr oft der E-Mail-Bewerbung den Vorzug gegenüber dem Postversand. Wenn Sie sich nicht ganz sicher sind, was im individuellen Fall besser ankommt, dann fragen Sie nach!

13. Wie ist ein Anschreiben per E-Mail aufgebaut?

Ein Anschreiben per E-Mail sieht aus wie ein klassischer Brief nach DIN-Norm und ist als PDF abgespeichert. Eine Kurzform des Anschreibens befindet sich in der eigentlichen E-Mail. Die Länge der E-Mail entspricht maximal einer Bildschirmseite, sodass ein Lesen ohne Scrollen möglich ist (siehe Beispiel auf Seite 92).

14. Welche Dateianhänge empfehlen sich bei einer E-Mail-Bewerbung?

Das etablierte Format ist PDF: Jeder kann es mit dem Acrobat Reader, der kostenlos im Internet erhältlich ist, öffnen, es speichert Layout und Text, lässt sich zudem leicht ausdrucken und ist einigermaßen fälschungssicher und problemlos in den Dokumentensystemen, mit denen Unternehmen arbeiten, archivieren. PDF speichert die komplette Formatierung inklusive Bild und lässt sich am PC und am Macintosh lesen und mit jedem Drucker so ausdrucken, wie es auf dem Bildschirm erscheint.

15. Ich habe aber kein Programm, um PDF zu erstellen. Was tun?

Es gibt inzwischen zahlreiche kostengünstige Alternativen zum teuren Programm Acrobat. Freeware, also frei erhältliche Software, ist teilweise mit einer Werbung im erstellten Dokument gekoppelt. Achten Sie auf ein geeignetes Programm (siehe Liste auf Seite 102).

16. Kann ich eine Word-Datei als Anhang schicken?

Bitte nur, nachdem Sie dazu aufgefordert worden sind. Es ist nicht das übliche Format, dennoch kann es im Einzelfall vorkommen, dass ein Unternehmen dieses Format akzeptiert oder sogar vorzieht. Word-Dateien können Viren transportieren, außerdem sind sie leicht zu verändern.

17. Ich habe gehört, dass man Umlaute (ä, ö, ü) durch ae, oe, ue ersetzen sollte. Stimmt das?

Das war früher so. Heute können Sie diese Umlaute bedenkenlos ausschreiben. Manche E-Mail-Programme übersetzen diese automatisch in ae, oe, ue – ohne Ihr Zutun. Vorsicht nur bei Sonderzeichen wie dem €. Dies wird oft durch ein Fragezeichen ersetzt.

18. Wie soll ich antworten, falls ich vom Arbeitgeber eine E-Mail erhalte?

Drücken Sie auf „Reply" oder „Antworten". Antworten Sie über dem Text, nehmen Sie direkt auf Stellen im Schreiben Bezug und löschen Sie Passagen, auf die Sie nicht eingehen möchten. Sprechen Sie Ihr Gegenüber immer direkt an und orientieren Sie sich an seiner Grußformel (z. B. „Sehr geehrter …"). Vergessen Sie auch nicht Ihr „Mit freundlichen Grüßen" und Ihren Namen.

19. Soll ich Mails mit Eingangsbestätigung schicken?

Sehen Sie bitte ab von Lesebestätigungen, die Sie mit dem E-Mail-Programm Outlook versenden können. Auch das sogenannte Einschreiben von Web.de ist eine „Schnapsidee": Sie machen dem Personaler damit unnötig Arbeit. Einschreiben und Lesebestätigungen sind lästig. Außerdem sagen sie nichts darüber aus, ob eine E-Mail wirklich geöffnet worden ist – man kann Lesebestätigungen auch einfach wegklicken. Sie sind damit kein zuverlässiger Nachweis dafür, dass der Adressat die Mail auch wirklich erhalten hat.

20. Was soll ich tun, wenn ich auf meine Bewerbung keine Antwort erhalte?

Werden Sie aktiv. Haken Sie nach etwa einer Woche nach. Eine Eingangsbestätigung sollte schon innerhalb der ersten Woche nach dem Abschicken der Bewerbung eingehen – wenn nicht, ist das entweder unprofessionell oder Ihre Bewerbung ist wirklich nicht eingegangen.

21. Wie soll ich das Foto versenden?

Speichern Sie es in Ihrem Lebenslauf, also nicht als separate Datei. Klassisch gehört es auf die rechte Seite, neben die persönlichen Daten. Sie können das Foto auch in das Deckblatt integrieren. Dies wirkt besonders kompetent, wenn Sie zugleich ein Profil dazu schreiben oder die Seite kreativ nutzen, wie es das Beispiel auf Seite 94 zeigt.

22. Muss ich Zeugnisse mitschicken?

Wenn vollständige Unterlagen verlangt werden, gehören Zeugnisse dazu. Das ideale Format hierfür ist wiederum PDF. Dazu scannen Sie Ihre Zeugnisse ein und wandeln die so entstandenen Bilddateien in PDF um. Manchmal ist es sinnvoll, sich hier professionelle Unterstützung zu holen. So können Sie Dokumente bei Bürogeschäften wie Staples oder im Copyshop einscannen lassen. Sie erhalten dann optimale Qualität bei minimaler Größe.

23. Soll alles in ein einziges Dokument oder empfiehlt es sich, einzelne Dateien zu schicken?

Inzwischen hat es sich durchgesetzt, alle Dokumente als PDF zu schicken. Dazu brauchen Sie ein PDF-Programm, das mehrere Dokumente aneinanderhängt. Nur wenn Sie das nicht hinbekommen, sollten Sie einzelne Dateien schicken. Eine auch weithin akzeptierte Variante ist es, den Lebenslauf und die gesammelten Zeugnisse jeweils als einzelne Anhänge zu schicken. Tabu dagegen sind zehn oder mehr Einzeldateien.

24. Muss der Lebenslauf auch in der E-Mail-Bewerbung unterschrieben werden?

Über den Nutzen der Unterschrift auf dem Lebenslauf gehen die Meinungen auseinander. Viele meinen: Die persönliche Unterschrift ist überflüssig. Andrerseits wirkt so eine Unterschrift auch auf einer digitalen Bewerbung persönlicher. Sie drücken zudem aus, dass Sie sich besondere Mühe gegeben haben. Gegen eine eingescannte Unterschrift ist also nichts einzuwenden – und wenn diese fehlt, wird das garantiert keine Absage begünstigen.

25. Wie kommt meine Unterschrift in den PC?

Unterschreiben Sie auf einem Blatt Papier, scannen Sie dieses ein und fügen Sie die Unterschrift als Bild (z. B. im JPG-Format) in das Dokument. In Word gelingt das über die Funktion Einfügen/Grafik.

26. Kann Missbrauch mit meiner E-Mail-Bewerbung getrieben werden?

Theoretisch ja. Es gibt Gerüchte, wonach Unternehmen Bewerberdaten an ihre Marketingabteilung weitergeben. Erlaubt ist das freilich nicht. Auch die Weitergabe Ihrer Angaben an Dritte ist verboten, ganz zu schweigen vom Adressenverkauf. Richtig schützen können Sie sich allerdings kaum.

27. Was ist eine Online-Bewerbung?

Mit einer Online-Bewerbung ist die Bewerbung über ein vorgefertigtes Formular oder über eine Software (die Grenzen sind fließend) auf der Webseite gemeint. Ein solches Formular fragt Schritt für Schritt Ihre berufsrelevanten Daten ab. Oft können Sie in Freitextfelder Ihr Anschreiben setzen oder Dokumente – etwa einen Lebenslauf – hochladen. Ich nenne diese Bewerbungsform auch Online-Formularbewerbung.

28. Wem nützt die Online-(Formular-)Bewerbung?

Vor allem größeren Unternehmen: Diese können mit Online-Formularen Ihre Bewerberauswahl kostengünstiger und effektiver steuern. Wirklich sinnvoll ist das aber nur, wenn auch die Prozesse hinter dem Formular automatisiert sind und eingehende Bewerbungen einen klar definierten Weg gehen – und nicht etwas ausgedruckt und per Hand an die Entscheider weitergeleitet werden. Die Implementierung eines solchen technikunterstützten Auswahlverfahrens kostet viel Geld. Deshalb ist die Online-Bewerbung ein Phänomen, das sich in seiner professionellen Form vorzugsweise bei größeren Unternehmen findet. Ihnen als Bewerber nützt die Online-Bewerbung, weil auch Sie damit Kosten sparen. Aber die meisten Bewerber mögen Online-Formulare trotzdem nicht. Schließlich schränken sie den Gestaltungsspielraum beim Bewerben ein.

29. Bewerbe ich mich mit einer Online-Bewerbung nur um ausgeschriebene Stellen oder gibt es auch die initiative Online-Bewerbung?

Es gibt beides. Größere Firmen bieten auf Ihrer Webseite verschiedene Module, je nachdem, ob es um eine Initiativbewerbung, eine ausgeschriebene Position, um Praktika oder Trainee-Stellen geht. Meine

Erfahrung ist jedoch, dass eine Initiativbewerbung über ein Online-Formular eher geringe Aussichten auf Erfolg hat, wenn Sie nicht zu einer der sehr begehrten Bewerbergruppe wie den Ingenieuren gehören. Initiativbewerbungen funktionieren im Mittelstand und über normale Post- oder E-Mail-Bewerbung – nach vorherigem Anruf – meist besser.

30. Was passiert nach einer Online-Bewerbung?

Wenn Sie sich per Online-Formular beworben haben, werden Sie meist innerhalb weniger Tage mit einer automatisch generierten Mail über die weiteren Schritte und die Wartezeit für die Bearbeitung der Bewerbung informiert. Kommt keine solche Mail bei Ihnen an, sollten Sie nachhaken, ob Ihre Unterlagen auch wirklich eingegangen sind.

31. Sind alle Online-Bewerbungsformulare gleich?

Nein, es gibt verschiedene Varianten von unterschiedlichen Software-herstellern. Das bedeutet leider auch, dass Sie Ihre Daten immer wieder neu eingegeben müssen, wenn Sie sich bewerben. Da das Ausfüllen sehr viel Zeit in Anspruch nehmen kann und dies bei Bewerbern auf Unwillen stößt, gibt es einen Trend zur Vereinfachung der Formulare, der sich etwa bei Microsoft.de bereits bemerkbar macht. Dort werden nur noch wenige Daten abgefragt, bevor das Unternehmen um Upload des Lebenslaufs bietet.

32. Ich möchte lieber eine Post-Bewerbung schicken – darf ich das?

Wenn die Online-Bewerbung gefordert ist, haben Sie da oft keine Wahlmöglichkeit. Immer mehr Unternehmen sind von der Konzern-spitze angehalten, ausschließlich Online-Bewerbung zu akzeptieren. Das geht so weit, dass Personaler Lebensläufe selbst in das System eingeben müssten, würden sie dem zuwiderhandeln. Akzeptieren Sie die Vorgaben der Arbeitgeber.

33. Worauf muss ich beim Ausfüllen eines Online-Formulars achten?

Vor allem auf Sorgfalt. Da Sie meist mehrere Seiten ausfüllen müssen, fallen Fehler oft nicht gleich auf. Also lieber den Text dreimal durchlesen, bevor Sie auf „Absenden" klicken. Wichtig ist es außerdem, die Einstufungen etwa der Sprachkenntnisse richtig zu justieren. Das ist nicht ganz so leicht, wenn bei den Englischkenntnissen „verhandlungssicher", „fließend" und „Grundkenntnisse" die einzigen Optionen sind. Wer sich hier ehrlich für „Grundkenntnisse" entscheidet, könnte damit schon automatisch rausfliegen, wenn die Voreinstellung „mindestens fließend" lautet. Wichtig sind außerdem die passenden Suchwörter. So kann es sein, dass die Bewerbungssoftware nach Stichwörtern sucht. Ist Ihres nicht dabei, werden Sie aussortiert – eventuell nur, weil Sie „DBA" statt „Datenbank-Administrator" geschrieben haben. Auch Einträge zu Ausbildungs- und Studienabschlüssen sollten Sie nicht vergessen. Ganz wichtig: Drucken Sie sich das Formular aus, wenn Sie alles ausgefüllt haben. Falls die vom entsprechenden Unternehmen verwendete Software diese Funktion nicht vorsieht, fertigen Sie Bildschirmfotos an (Taste „Druck" betätigen, ein Word-Dokument öffnen und „Einfügen" wählen).

Literaturverzeichnis

Weitere Bücher von Svenja Hofert:

- Praxismappe für die kreative Bewerbung, Frankfurt am Main, 2. Auflage 2008
- Bewerben ohne Bewerbung. Alternative Erfolgsstrategien in schwierigen Zeiten, Frankfurt am Main 2005
- Praxismappe für die perfekte Internet-Bewerbung, Frankfurt am Main 2005
- Jobsuche und Bewerben im Web 2.0, Frankfurt am Main 2005
- Die 100%-Bewerbung, Offenbach 2004

Register